Unity3D平台
AR与VR开发快速上手

吴雁涛 著

清华大学出版社
北京

内 容 简 介

Unity3D 是一款跨平台 3D、2D 游戏及互动内容开发引擎，并有着广泛的影响力。随着近年增强现实和虚拟现实的兴起，很多增强现实和虚拟现实的技术提供方都提供了基于 Unity3D 的 SDK 包。可以预见，市场对 Unity3D 人才的需求将会大大增加。

本书共分为 14 章，详细讲解了 Unity3D 的安装、发布、界面等主要功能，并深入介绍 AR（增强现实）、VR（虚拟现实）开发方法，以及地图定位、摄像机、声音播放等开发技巧，让读者了解到如何使用 Unity3D 制作 AR\VR 产品，快速进入 Unity3D 应用开发之门。

本书适合使用 Unity3D 平台开发 AR\VR 游戏和应用的移动开发人员，也适合高等院校和培训机构相关专业移动游戏开发方向的师生教学参考。

本书封面贴有清华大学出版社防伪标签，无标签者不得销售
版权所有，侵权必究。举报：010-62782989，beiqinquan@tup.tsinghua.edu.cn。

图书在版编目（CIP）数据

Unity3D 平台 AR 与 VR 开发快速上手 / 吴雁涛著. —北京：清华大学出版社，2017（2024.8重印）
ISBN 978-7-302-47729-7

I.①U… II.①吴… III.①游戏程序—程序设计 IV.①TP317.6

中国版本图书馆 CIP 数据核字（2017）第 166832 号

责任编辑：夏毓彦
封面设计：王 翔
责任校对：闫秀华
责任印制：宋 林

出版发行：清华大学出版社
网　　址：https://www.tup.com.cn，https://www.wqxuetang.com
地　　址：北京清华大学学研大厦 A 座
邮　　编：100084
社 总 机：010-83470000
邮　　购：010-62786544
投稿与读者服务：010-62776969，c-service@tup.tsinghua.edu.cn
质量反馈：010-62772015，zhiliang@tup.tsinghua.edu.cn

印 装 者：三河市铭诚印务有限公司
经　　销：全国新华书店
开　　本：190mm×260mm
印　　张：20
字　　数：512 千字
版　　次：2017 年 8 月第 1 版
印　　次：2024 年 8 月第 10 次印刷
定　　价：59.00元

产品编号：072500-01

前 言

Unity3D 是由 Unity Technologies 公司开发的一款跨平台的游戏行业软件,能够让用户轻松快速地创建互动游戏、实时动画等内容,并发布到苹果、安卓等多个平台。因其良好的生态及广泛的支持,使其在增强现实开发上也获得了众多厂商的青睐。很多增强现实提供商都提供了基于 Unity3D 的 SDK 包。

本书面向的读者大多是没有接触过 Unity3D 的初学者。读者可以通过该书快速地了解 Unity3D 以及增强现实的基本概念和一些实例,并且快速地参照例子制作出增强现实的作品。

本书内容介绍

本书包括 14 章内容,分别介绍如下。

第 1~3 章是 Unity3D 基础介绍。前 3 章内容快速介绍了 Unity3D 的基本知识、操作界面、基本概念等,让读者对于 Unity3D 有了一个总体的了解,并能进行一些基础的操作,代码编写。

第 4~6 章是增强现实开发。该部分介绍了增强现实的基本概念、一些优秀的实例,并详细讲解了用 Unity3D 和 Vufoira、easyAR 两款增强现实 SDK 开发图片识别显示 3D 模型视频的过程。

第 7~9 章是基于 Vive 的虚拟现实开发。该部分介绍了虚拟现实的基本概念,如何利用官方提供的 SDK 进行 Vive 的虚拟现实开发。其中详细讲解了两个不同的插件如何对 Vive 进行开发,包括基础按钮到常用按钮的传送、UI、拾取等。

第 10 章介绍了在安卓环境下,如何使用高德地图提供的定位功能进行开发。本章还介绍了如果在 Unity3D 下简单地调用 Java 和安卓类的方法属性。

第 11~14 章是其他 Unity3D 相关的内容。该部分介绍了 Unity3D 开发过程中常用的一些代码片段及一些常用的 Unity3D 插件,包括常用摄像机、声音控制等。

本书示例代码及资料内容如下:

- 增强现实介绍及相关的视频(英文)
- 导出安卓需要的 SDK
- Vuforia SDK 及官方示例,相关图片
- EasyAR SDK 及官方示例
- 高德地图安卓定位插件及示例
- Unity3D 常用代码

- Vive 增强现实开发例子

本书代码、素材与开发环境下载

本书配套的代码、素材与开发环境，请扫描下面二维码获取。

如果资源下载有问题，请联系电子邮箱 booksaga@163.com，邮件主题为"AR 与 VR 开发快速上手"。技术支持信息请查阅下载资源中的相关文件。

吴雁涛
2017 年 7 月

目　录

第 1 章　Unity 的基本介绍 1
  1.1　功能特点 1
    1.1.1　Unity 简介 1
    1.1.2　Unity 的特点 1
  1.2　版本及费用 2
  1.3　下载和安装 2
    1.3.1　下载 2
    1.3.2　安装 3
    1.3.3　第一次运行 7
  1.4　商城内容和官方资源 8

第 2 章　Unity 主要界面介绍 11
  2.1　理解 Unity 项目的结构 11
  2.2　启动界面 12
  2.3　默认界面 13
  2.4　Game（游戏）视图 14
  2.5　Scene（场景）视图 15
  2.6　Hierarchy（层级）视图 16
  2.7　Inspector（检视）视图 17
  2.8　Project（项目）视图 18
  2.9　Console（控制台）视图 21

第 3 章　Unity 快速入门 22
  3.1　场景 22

	3.1.1	场景和项目	22
	3.1.2	理解项目和场景	24
3.2	摄像机		24
3.3	游戏对象		27
3.4	预制件		29
3.5	组件		31
3.6	其他常用内容		32
	3.6.1	3D 模型	32
	3.6.2	刚体	33
	3.6.3	重力	35
	3.6.4	物理特性	36
	3.6.5	穿透	38
	3.6.6	粒子系统	38
3.7	Unity GUI		40
	3.7.1	Render Mode 显示模式	41
	3.7.2	定位方式	43
	3.7.3	响应脚本	44
3.8	脚本		47
	3.8.1	基本介绍	47
	3.8.2	MonoBehaviour	48
	3.8.3	Transform	49
	3.8.4	GameObject	50
	3.8.5	常用事件	51
	3.8.6	Instantiate	52
	3.8.7	Destory	53
	3.8.8	获取指定游戏对象或组件	55
	3.8.9	指定平台	57
	3.8.10	DontDestroyOnLoad	58
	3.8.11	SendMessage	58
	3.8.12	场景切换	60
3.9	资源包的导入和导出		61

3.9.1 导入资源包 61

3.9.2 导出资源包 62

3.10 发布应用 64

3.10.1 发布 Windows 应用 65

3.10.2 发布 Android 应用 66

3.10.3 发布 iOS 应用 71

3.11 Unity 商城资源下载和导入 74

第 4 章 增强现实介绍 76

4.1 基本概念 76

4.2 主流实现方式 76

4.3 典型案例 78

4.4 常用增强现实 SDK 81

4.5 其他 83

第 5 章 基于 Vuforia SDK 的增强现实开发 85

5.1 Vuforia 简介 85

5.2 准备工作 85

5.2.1 注册账号 85

5.2.2 下载 SDK 86

5.2.3 添加 key 87

5.2.4 添加数据库 89

5.3 识别图片显示 3D 模型 89

5.3.1 添加识别图片 89

5.3.2 下载识别数据 93

5.3.3 建立场景 93

5.3.4 设置游戏对象 95

5.3.5 测试 96

5.4 识别柱体显示 3D 模型 96

5.4.1 添加识别柱体 96

5.4.2 下载识别数据 99

5.4.3 建立场景 99

	5.4.4 设置游戏对象	101
	5.4.5 测试	103
5.5	识别物体显示 3D 模型	103
	5.5.1 下载 Vuforia Object Scanner 并打印图片	103
	5.5.2 扫描物体	104
	5.5.3 添加识别物体	106
	5.5.4 下载识别数据	107
	5.5.5 建立场景	108
	5.5.6 设置游戏对象	109
	5.5.7 测试	110
5.6	识别图片播放视频	111
	5.6.1 下载例子	111
	5.6.2 导入例子和数据	112
	5.6.3 建立场景	112
	5.6.4 设置游戏对象	115
	5.6.5 测试	117

第 6 章 基于 EasyAR SDK 的增强现实开发 118

6.1	EasyAR 简介	118
6.2	获得 key	118
6.3	下载开发包	119
6.4	识别图片显示 3D 内容	120
	6.4.1 新建场景	120
	6.4.2 替换添加脚本	123
	6.4.3 设置游戏对象	125
	6.4.4 运行测试	127
6.5	识别图片并将图片映射为 3D 模型纹理（涂涂乐）	128
	6.5.1 准备工作	128
	6.5.2 设置模型纹理	128
	6.5.3 运行测试	130
6.6	识别图片播放视频	130

	6.6.1	准备工作 130
	6.6.2	添加用于播放视频的 3D 物体 131
	6.6.3	运行测试 133
6.7	打包安卓的注意事项 133

第 7 章 虚拟现实简介 134

- 7.1 虚拟现实基本概念 134
- 7.2 常见的几种 VR 硬件 134
- 7.3 HTC Vive 介绍 136
- 7.4 HTC Vive 的手柄 137
- 7.5 Vive 上的 VR 应用介绍 137
- 7.6 基于 Vive 的 VR 开发常见的几个问题 139

第 8 章 基于 Input Utility 插件的虚拟现实开发 141

- 8.1 基于 Input Utility 插件开发 141
- 8.2 SDK 下载 141
- 8.3 按钮开发综述 142
- 8.4 Trigger 按钮开发 144
- 8.5 Pad 按钮开发 145
- 8.6 操作 GUI 146
- 8.7 拖动远处的 3D 物体 150
- 8.8 传送 152
- 8.9 物体拾取和触碰 158

第 9 章 基于 InteractionSystem 的虚拟现实开发 165

- 9.1 InteractionSystem 插件及 SDK 下载 165
- 9.2 按钮控制 166
- 9.3 基础碰触 169
- 9.4 物体拾取 174
- 9.5 传送 180
- 9.6 操作 UI 185
- 9.7 道具拾取 189

9.8　按钮提示显示 196

第 10 章　高德地图 Android 定位 SDK 在 Unity 下的简单使用 200

10.1　Unity 简单调用 Java 类 200

10.2　高德地图 key 的获取 207

10.3　安全码 SHA1 获取 210

10.4　准备 Jar 211

10.5　导入 Unity 214

10.6　获取定位信息 214

10.6.1　获取定位信息的脚本 214

10.6.2　添加调用脚本 221

10.6.3　测试 224

10.6.4　插件 224

10.7　获取地图 225

10.7.1　说明 225

10.7.2　脚本 226

10.7.3　场景 226

10.7.4　打包运行 228

第 11 章　Unity3D 摄像机开发 229

11.1　常用的几种摄像机 229

11.1.1　CctvCamera 230

11.1.2　HandHeldCamera 233

11.1.3　MultipurposeCameraRig 236

11.1.4　FreeLookCameraRig 240

11.1.5　第一人称视角 243

11.1.6　DungeonCamera 244

11.1.7　LookAtCamera 248

11.2　双摄像机 249

第 12 章　声音播放 255

12.1　AudioClip、AudioSource、AudioListener 255

		12.1.1 AudioClip	255

        12.1.1 AudioClip 255

        12.1.2 AudioSource 256

        12.1.3 AudioListener 256

   12.2 播放背景音乐 257

   12.3 控制背景声音音量 259

   12.4 播放特效声音 262

   12.5 控制特效音量 268

第 13 章 Unity3D 服务器端和客户端通信 276

   13.1 服务器端和客户端通信概述 276

   13.2 服务器端和客户端通信实例 276

第 14 章 其他 Unity3D 相关的内容 286

   14.1 带进度条的场景切换 286

   14.2 单一数据存储 287

   14.3 少量初始数据的存储 288

        14.3.1 将数据存储在预制件里 289

        14.3.2 利用 ScriptableObject 将数据存储为资源 290

   14.4 用 iTween 插件进行移动、缩放、旋转操作 293

        14.4.1 下载并导入插件 293

        14.4.2 iTween 的基本调用 294

        14.4.3 iTween 常见参数介绍 294

        14.4.4 iTween 实现移动 295

        14.4.5 iTween 实现旋转 295

        14.4.6 iTween 实现大小变化 296

        14.4.7 iTween 的变化值 297

        14.4.8 iTween Visual Editor 导入 299

        14.4.9 iTween Visual Editor 控制变化 300

        14.4.10 iTween Visual Editor 指定运动路径 302

   14.5 插件推荐 305

第 1 章 Unity 的基本介绍

1.1 功能特点

1.1.1 Unity 简介

Unity 是由 Unity Technologies 开发的一个让玩家轻松创建诸如三维视频游戏、建筑可视化、实时三维动画等类型互动内容的多平台的综合型游戏开发工具,是一个全面整合的专业游戏引擎。Unity 类似于 Director、Blender game engine、Virtools 和 Torque Game Builder 等利用交互的图形化开发环境为首要方式的软件。其编辑器运行在 Windows 和 Mac OS X 下,可发布游戏至 Windows、Mac、Wii、iPhone、WebGL(需要 HTML5)、Windows Phone 8 和 Android 平台,也可以利用 Unity Web player 插件发布网页游戏,支持 Mac 和 Windows 的网页浏览。它的网页播放器也被 Mac widgets 所支持。

1.1.2 Unity 的特点

1. 基于 Mono

Mono 是一个由 Xamarin 公司(先前是 Novell,最早为 Ximian)所主持的自由开放源代码项目。与微软的.NET Framework 不同,Mono 项目不仅可以运行于 Windows 系统上,还可以运行于 Linux、FreeBSD、UNIX、OS X 和 Solaris,甚至一些游戏平台,例如:Playstation 3、Wii 或 XBox 360。

简单地说,Mono 是一个非微软提供的跨平台的开源的.NET。

Unity3D 是基于 Mono 的,也就是说,Unity3D 编程最好用 C#。一方面,Unity3D 的 C# 的资源最多;另外,一些程序上的问题,可以直接看 C#的。从基本的数据结构、语句、方法、事件、代理等到不常用的网络通信、数据库访问,基本都和 C#一样。

2. 跨平台

Unity 可以在 Windows、Mac 和 Linux 平台进行编辑,然后可以发表到 20 多个平台。

优点是,可以节省开发时间和学习成本;但是缺点也蛮多的,生成的应用的性能会低于源生的应用,另外,在写入文件的时候会受到限制。

例如,截图以后想把图片移动到设备的相册目录,这个仅靠 Unity 自身程序无法实现,必须依靠插件。

这里有个重要的提示，Unity 对 Web 平台，特别是移动端的 Web 平台支持很差。

Unity 可以导出两种 Web 平台，一种是导出 Web Player，这需要浏览器安装特殊插件。另一种是导出 WebGL，对浏览器有要求。在电脑的浏览器中，支持勉强可以，但是到了手机浏览器，基本可以视作无法支持。简单一句话，想用 Unity 开发一个从微信公众号打开的网页游戏现在暂时不可能。如果要做网页游戏的话，最好使用其他游戏引擎。

3. 良好的生态系统

Unity 有个不错的商城，不仅有各种资源，还有各种模板、例子、插件。这意味着不少开发可以通过直接购买成品或者半成品实现。这不仅可以提高开发效率和速度，同时对学习 Unity 有很大的帮助。

4. 广泛的影响力

"凡是少的，就连他所有的，也要夺过来。凡是多的，还要给他，叫他多多益善。"马太效应就是这样的。Unity 作为非常有影响力的一款引擎会引来更多的支持。比如近年热门起来的增强现实技术。很多增强现实的 SDK 提供方都提供了 Unity 插件的支持，提供虚幻插件支持的明显就少很多，支持 cocos2dx 的插件我还没见过呢。

另一方面，广泛的影响力意味着有更多的学习资源，更多的教程、实例，遇到问题以后，更容易搜索查找到解决方法。

1.2 版本及费用

Unity 现在分为 Personal、Plus、Pro 和 Enterprise 4 个版本，主要的区别是在后期的分析、支持方面。当年收入超过 10 万美元的时候，或者融资超过 10 万美金以前，可以免费使用 Personal 版。对于普通的开发和学习，收费版和付费版最明显的区别是免费版启动画面是 Unity 的，而且不可以修改。

版本和费用的详细信息请查看 Unity 的官方网站：https://store.unity.com/cn。

1.3 下载和安装

1.3.1 下载

Unity Personal 最新版的下载地址：https://store.unity.com/download?ref=update。

打开页面后，点击 Download Installer 按钮即可下载到最新的安装包，如图 1-1 所示。注意，这不是完整的安装包，只是引导安装包，在安装的时候，还需要从网络上继续下载其他安装内容。

图 1-1

如果不想用最新的版本,可以在以下地址下载到旧的版本:
https://Unity.com/cn/get-unity/download/archive
页面如图 1-2 所示。

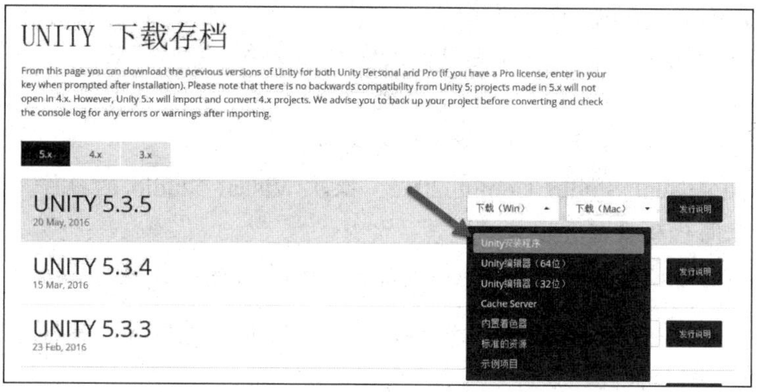

图 1-2

1.3.2 安装

1. Windows 下安装

(1) Windows 下的下载助手如图 1-3 所示。

图 1-3

（2）运行以后，会显示安装选项供选择，如图 1-4 所示。

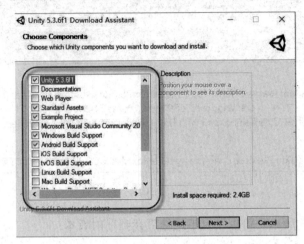

图 1-4

- Unity X.X.X..：Unity 的主程序。
- Documentation：文档，个人更习惯到官网上查询，可以不装。
- Standard Assets：官方资源，推荐安装。
- Example Project：官方示例，新手推荐安装。
- Microsoft Visual Studio Comm 2015：微软 Visual Studio 的插件，如果想用 Visual Studio 来写代码就需要安装。
- Web Player 和 XX Build Support：发布到各种平台的支持包，根据需要进行安装。

在 Windows 下发布 Android 程序没问题，但是发布苹果程序，最好是在苹果电脑上用 Unity 导出，避免一些奇怪的错误。

（3）接下来可以选择安装路径和是否保存下载下来的安装包。如果需要在其他电脑上安装，可以选择下面的选项，如图 1-5 所示。

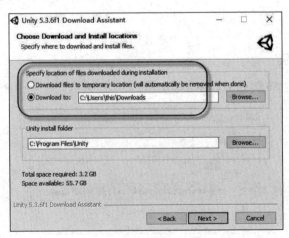

图 1-5

（4）接着，会根据选项，下载并进行安装，如图1-6所示。

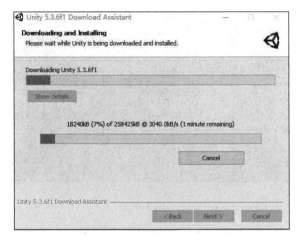

图1-6

（5）安装完毕，如图1-7所示。

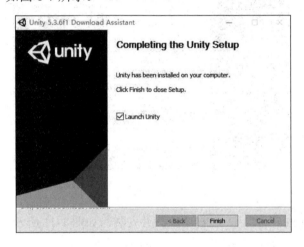

图1-7

如果是在 Windows 10 系统下安装 Unity3D，安装完成后可能会提示需要安装.net framework 3.5。

2. Mac 下安装

（1）Mac 下安装和 Windows 下安装基本一致，打开下载助手，如图1-8所示。

图1-8

（2）打开以后，点击右边按钮，如图1-9所示。

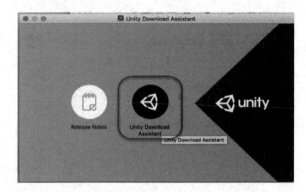

图1-9

和Windows一样，选择要安装的内容，如图1-10所示。

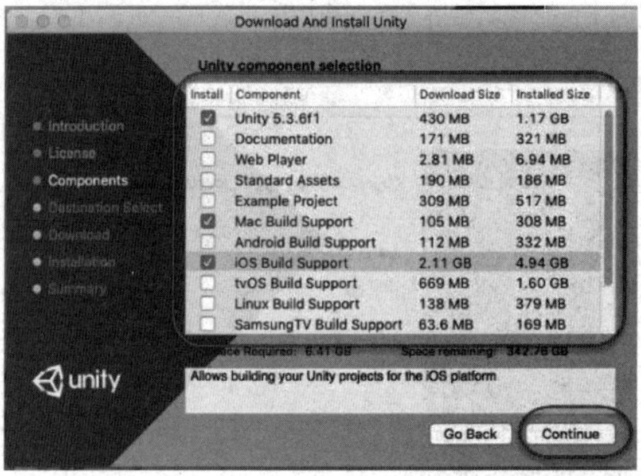

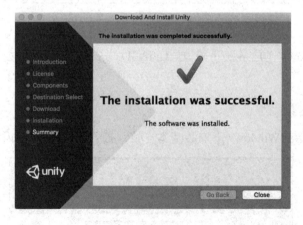

图1-10

（3）点击"Continue"以后，会自动下载并安装，如图1-11所示。

图1-11

看到这个，就表示安装成功。

1.3.3 第一次运行

(1) 第一次运行,需要登录,所以,还是要到 Unity 的官网注册一个账号。之后购买插件,包括下载免费插件都需要账号,如图 1-12 所示。

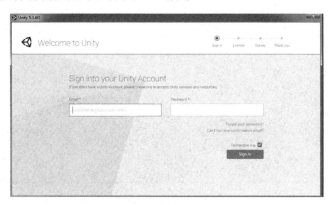

图 1-12

(2) 登录以后,需要选择版本,一般选 Personal 就好,如图 1-13 所示。

图 1-13

(3) 根据要求,初学者一般都是第 3 项,如图 1-14 所示。

图 1-14

（4）终于可以开始使用 Unity 了，如图 1-15 所示。

图 1-15

1.4 商城内容和官方资源

在 Unity 编辑器中打开 Asset Stroe 标签或者在浏览器中访问以下地址：https://unity3d.com/cn/asset-store。

就可以打开商城，如图 1-16 所示。

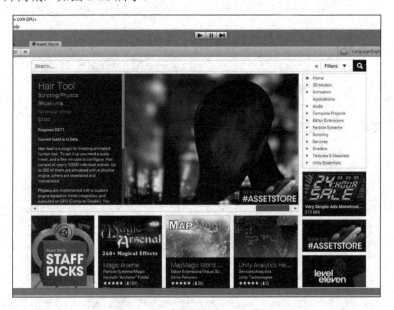

图 1-16

目录里面列出了很多资源类型，多数资源都是收费的，商城也会搞些打折活动。不过对初学者最有用的还是在搜索框中输入"free",然后点击搜索的放大镜,如图 1-17 所示。

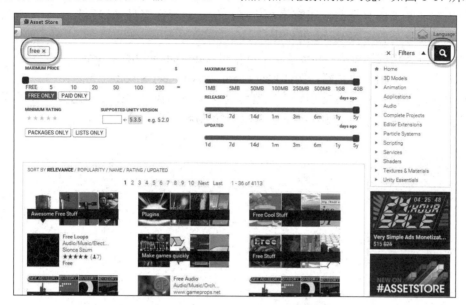

图 1-17

这个时候能显示出所有免费的项目,而且还不少。

商城里面另外一个重要的就是官方的资源,点击"Unity Essentials"分类,这个分类下的都是 Unity 官方的免费资源,有很多实例,配合官方的教程,是很不错的学习资料,如图 1-18 所示。

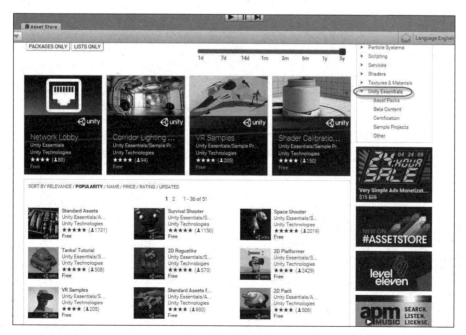

图 1-18

在 Unity 网站上有提供教程，网址为：http://unity3d.com/cn/learn/tutorials。

教程内容非常多而且全面，还有不少例子。但是，现在老外都懒得打字了，所以很多教程都是视频，而且是放在 Youtube 网站上。

另外，官方文档的地址为：http://docs.unity3d.com/Manual/index.html

虽然国内有中文翻译的文档，例如地址：http://www.ceeger.com/。

但是建议还是直接看官方文档。一来官方文档更新更快，二来熟悉这些专业术语以后，在查找英文资料的时候才知道该往搜索引擎里面输入哪些词。

第 2 章 Unity主要界面介绍

2.1 理解 Unity 项目的结构

如图 2-1 所示，Unity 项目的结构包括以下内容。

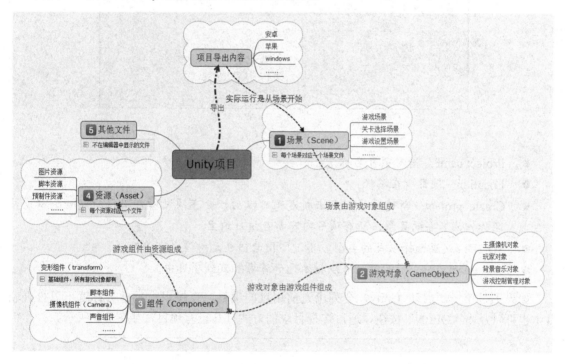

图 2-1

- 项目（Project）：包含了整个工程所有内容，表现为一个目录。
- 场景（Scene）：一个虚拟的三维空间，以便游戏对象在这个虚拟空间中进行互动。表现为一个文件。
- 游戏对象（GameObject）：场景中进行互动的元素，依据其拥有的组件不同而拥有不同的功能。
- 组件（Component）：组成游戏对象的构件。
- 资源（Asset）：项目中用到的内容，可以构成组件，也可以是其他内容。每个资源是一个文件。

Unity 项目的结构简单而言就是：资源构成组件，组件构成游戏对象，游戏对象构成场景，场景构成项目，项目可以发布成为不同平台的可运行的程序或应用。

2.2 启动界面

Unity 启动界面如图 2-2 所示。

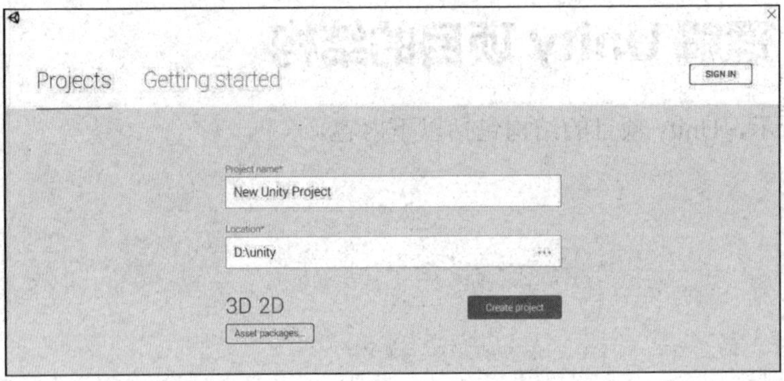

图 2-2

- Project name：输入项目名称
- Location：项目所在路径。
- Create project：新建项目。点击新建项目以后，会在项目所在路径新建一个以项目名称作为名字的目录，所有项目内容都在该目录里。
- 3D 2D：这里选择项目的类型，不过即使选错也无所谓，可以改。
- Asset packages：资源包，可以把本地的资源加载到项目中。

如果不是第一次启动 Unity，会列出之前用过的项目，直接点击项目名称就可以打开项目。也可以点击"OPEN"按钮，通过选择目录的方式打开已有项目，如图 2-3 所示。

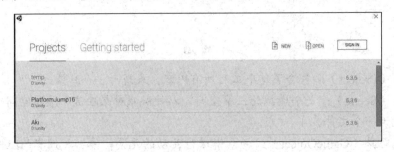

图 2-3

在启动界面点击"Asset packages"按钮，可以显示添加资源包列表，如图 2-4 所示。

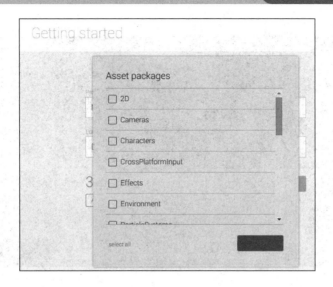

图 2-4

这是选择资源包的界面。安装过程中安装的资源或者从商场下载的资源都显示在这里，可以通过选中以后加载到项目中。如果忘记加载资源也不要紧，在项目编辑界面也可以导入。

当已有项目使用的编辑器版本和当前打开项目所使用的编辑器版本不一致时，会出现以下提示，如图 2-5 所示。

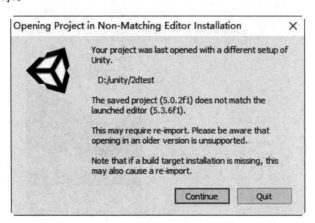

图 2-5

如果项目没有备份，请点"Quit"按钮，然后备份。如果项目已有备份，可以点击"Continue"，项目会被导入成新的版本。

2.3 默认界面

Unity 默认界面如图 2-6 所示。

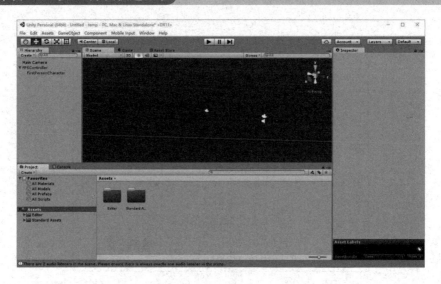

图 2-6

如果需要恢复到默认界面,点击菜单"Window"→"Layouts"→"Default"即可,如图 2-7 所示。"Window"菜单也可以打开其他窗口。

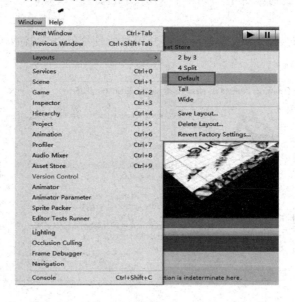

图 2-7

2.4 Game(游戏)视图

游戏视图是对游戏进行预览的视图,如果没有错误,点击开始按钮即可预览当前游戏,如图 2-8 所示。这里还可以显示游戏过程中 CPU、内存等的占用情况。

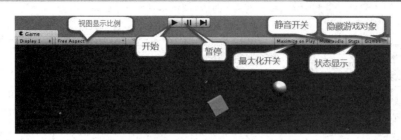

图 2-8

2.5 Scene（场景）视图

场景视图以 3D 的方式显示出一个场景里面的游戏对象。在这里还可以对游戏对象的位置、角度、大小等进行修改，如图 2-9 所示。

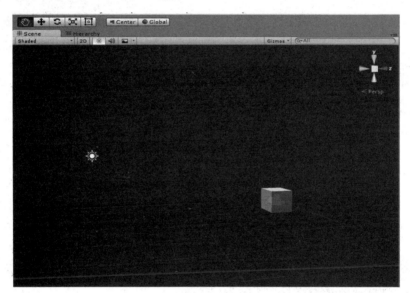

图 2-9

（1）场景视图操作方式如下，这些操作是改变观看情况，不对结果产生影响。

- 旋转操作：【Alt】+【鼠标左键】、【鼠标右键】。
- 缩放操作：【Alt】+【鼠标右键】、【鼠标滚轮】。
- 居中操作：【F】键（被选中游戏对象居中显示）。
- 飞行浏览：【鼠标右键】+【w/a/s/d】（以第一人视角在场景视图中漫游）。

鼠标左键功能由变换工具按钮决定，如表 2-1 所示。

表 2-1　鼠标左键功能

图标	功能
🖐 ✥ ⟳ ⤢ ⟲	拖动游戏场景
🖐 ✥ ⟳ ⤢ ⟲	移动游戏对象
🖐 ✥ ⟳ ⤢ ⟲	旋转游戏对象
🖐 ✥ ⟳ ⤢ ⟲	缩放游戏对象
🖐 ✥ ⟳ ⤢ ⟲	自由变换

（2）其他辅助功能如图 2-10 所示。

该图选项不影响最终结果，只影响在场景视图显示效果，不对结果产生影响。

（3）对场景的添加操作主要是在"File"菜单下，如图 2-11 所示。

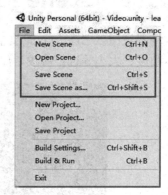

图 2-10　　　　　　　　　　　图 2-11

2.6 Hierarchy（层级）视图

层级视图以层级的方式显示出一个场景里面的游戏对象。父级的游戏对象的位置、角度、大小会影响到其子级游戏对象，如图 2-12 所示。

点击左边的三角符号可以展开或关闭子对象。

点击【鼠标右键】可以新建游戏对象。

可以通过拖动改变游戏对象的父子关系。

双击一个游戏对象，会在 Scene 视图中居中显示该对象。

在层级视图右击可以添加游戏对象，如图 2-13 所示。

第 2 章 Unity 主要界面介绍

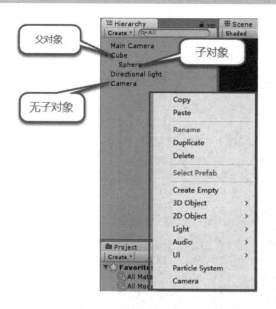 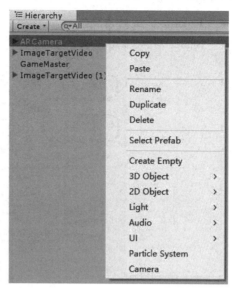

图 2-12　　　　　　　　　　　　　　图 2-13

"GameObject"菜单也可以添加游戏对象并进行一些操作，如图 2-14 所示。

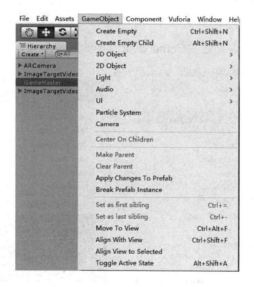

图 2-14

2.7 Inspector（检视）视图

检视视图显示选中的游戏对象所包含的组件，如图 2-15 所示。其中，Transform（变形）组件是每个游戏对象都拥有的组件。

- Position：坐标。

- Rotation：旋转角度。
- Scale：放大缩小比例。

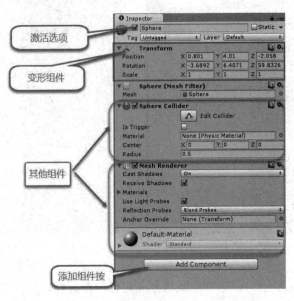

图 2-15

选中游戏对象以后，可以通过"Component"菜单添加组件，如图 2-16 所示。

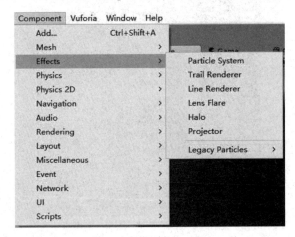

图 2-16

2.8 Project（项目）视图

项目视图显示的是整个项目的资源，和操作系统中的文件夹是对应的，如图 2-17 所示。

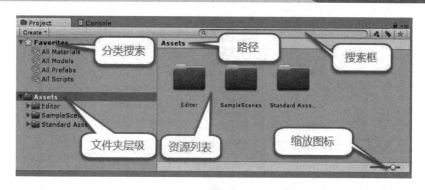

图 2-17

资源列表里有一些特殊的目录，一定要注意。另外，文件夹命名请尽可能规范，可以参考官方示例中文件夹的命名。

（1）Editor

以 Editor 命名的文件夹允许其中的脚本访问 Unity Editor 的 API。如果脚本中使用了在 UnityEditor 命名空间中的类或方法，它必须被放在名为 Editor 的文件夹中。Editor 文件夹中的脚本不会在打包时被包含。在项目中可以有多个 Editor 文件夹。

（2）Plugins

Plugins 文件夹用来放各种平台的插件，它们会被自动打包到对应平台。注意这个文件夹只能是 Assets 文件夹的直接子目录。例如：Plugins/x86、Plugins/x86_64、Plugins/Android、Plugins/iOS。

（3）Resources

Resources 文件夹允许你在脚本中通过文件路径和名称来访问资源。放在这一文件夹的资源永远被包含进 build 中，即使它没有被使用。项目中可以有多个 Resources 文件夹，因此不建议在多个文件夹中放同名的资源。这个目录常用来实现动态加载资源。Resources 目录中的资源会被压缩。

（4）StreamingAssets

和 Resource 文件夹类似，但是，这个目录下的内容不会被压缩。通常用来放视频等内容。

如果要导入资源，最简单的方法就是将资源文件拖到资源列表里。注意：拖动一个和已有资源同名的文件到资源列表里面，会产生一个副本而不是覆盖原有资源。如果需要覆盖已有资源，要右击，选择"Show in Explorer"，如图 2-18 所示。打开操作系统的资源管理器，在资源管理器中实现。

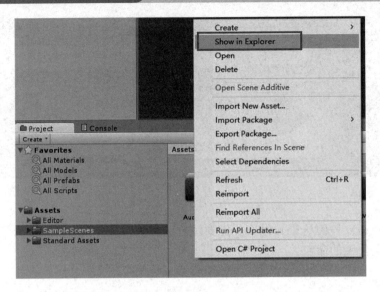

图 2-18

在 Project（项目）视图右击，或者通过"Assets"菜单，可以添加资源并进行操作，如图 2-19 和图 2-20 所示。

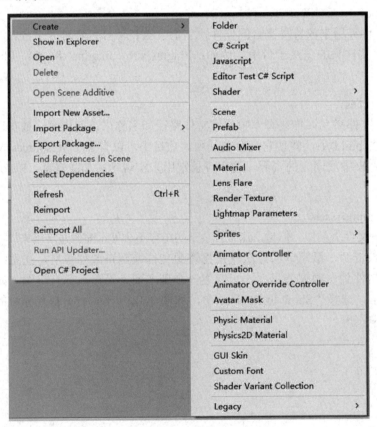

图 2-19

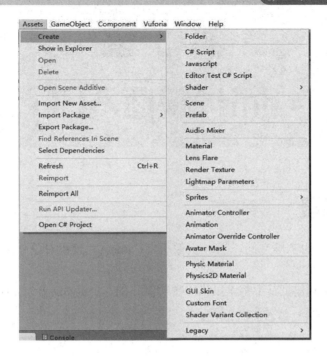

图 2-20

2.9 Console（控制台）视图

控制台视图输出项目已有的错误（红色）、警告（黄色）和信息（白色）。如果控制台视图有无法清除的错误，游戏就无法被预览和打包，如图 2-21 所示。

图 2-21

这里介绍的不是 Unity 的全部的视图，只是最最常用的视图。

第 3 章
◀Unity快速入门▶

3.1 场景

场景是一个虚拟的三维空间，通过摄像机（Camera）游戏对象作为窗口显示其中的内容，场景的默认单位是米。

在多数 3D 模型制作工具中都是以米为单位制作的，Unity3D 开发 3D 内容的时候，也尽可能按照米为单位开发。

3.1.1 场景和项目

安装的时候，如果安装了示例，则会默认有一个叫"Standard Assets Example Project"的项目，点击打开，如图 3-1 所示。

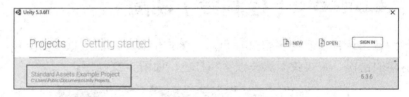

图 3-1

如果安装时没有安装，可以直接导入资源包"StandardAssets1.1.1.unitypackage"。
打开以后，目录结构如图 3-2 所示。

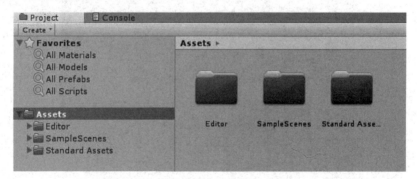

图 3-2

- Editor：编辑器下用到的内容。

- SampleScenes：示范场景。
- Standard Assets：标准资源。

点击"SampleScenes/Scenes"目录，就可以看到这个项目下的所有场景。这些场景都是以*.unity 文件形式存在。双击场景文件，就可以预览场景的内容，如图 3-3 所示。

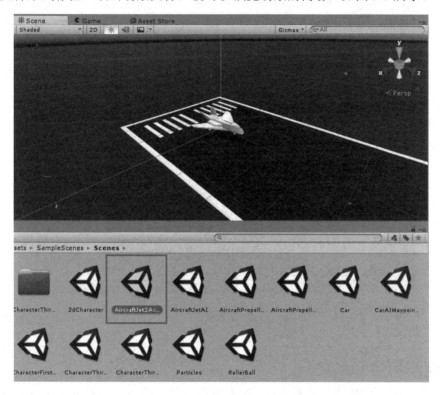

图 3-3

点击菜单"File"→"Build Settings"，如图 3-4 所示。

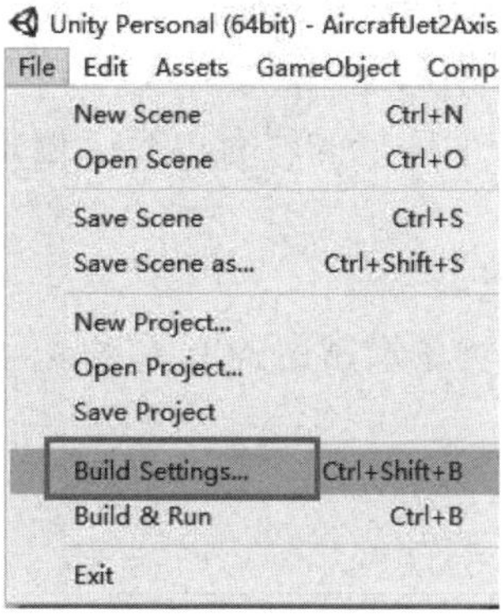

图 3-4

可以打开"Build Settings"界面，这里可以看到要发布的场景，如图 3-5 所示。

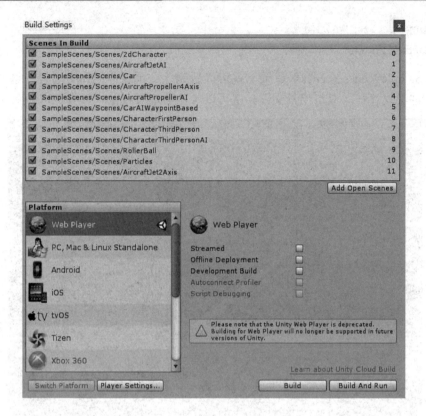

图 3-5

3.1.2 理解项目和场景

每一个项目可以有若干不同的场景。但是这些场景文件不一定都会被发布到应用中,只有在"Sences In Build"列表中的场景才会被发布到项目中。

项目启动时,默认启动的是"Sences In Build"列表中的第一个场景。

可以用点击拖动的方式把场景添加到"Sences In Build"列表。

可以选中以后,以拖动的方式修改场景顺序,或选中以后按"Delete"键删除场景。

场景切换的时候,会释放上一个场景的所有内容。但是,可以通过程序保留制定的内容到下一个场景继续使用。

Unity 还允许同时运行多个场景。

场景允许异步加载。异步加载场景最常用的方式是显示加载进度。

3.2 摄像机

摄像机是观察场景的窗口,每个场景至少需要一个摄像机才能显示其中内容。一个场景中可以存在多个摄像机。例如,3D 游戏中,动态显示小地图,其中的一个方法就是添加一个从顶部垂直往下观看的摄像机，这样就能显示当前玩家的位置以及周围的环境和情况。

摄像机最常用的属性有"Culling Mask""Projection""Depth"，如图 3-6 所示。

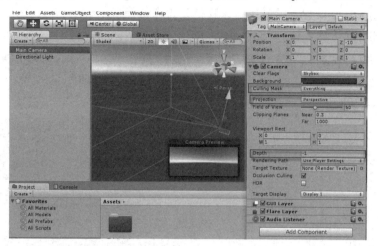

图 3-6

1. Projection

Projection（投影）模式有两种：Perspective（透视）和 Orthographic（正交）。Perspective（透视）模式下，物体近大远小，主要用在 3D 游戏下，如图 3-7 所示。

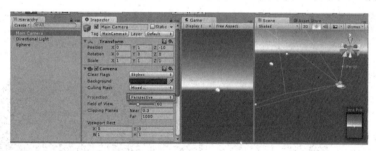

图 3-7

Orthographic（正交）模式下，物体不会因为远近而有大小的变化，主要用在 2D 游戏中，如图 3-8 所示。

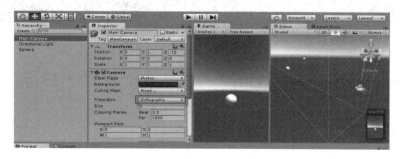

图 3-8

2. Culling Mask

设置摄像机能够看到的对象。每个对象都有一个 Layer 属性，根据对象的 Layer 属性和摄像机的 Culling Mask 设置，可以决定该物体是否在摄像机中显示。

例如：添加一个方块，Layer 是 water，如图 3-9 所示。

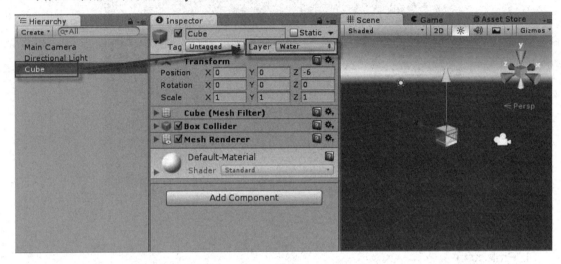

图 3-9

再添加一个球体，Layer 是 default，如图 3-10 所示。

图 3-10

在 MainCamera 的 "Culling Mask" 设置中，去掉 water，如图 3-11 所示。

第 3 章 Unity 快速入门

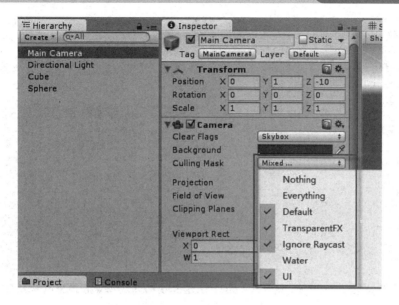

图 3-11

这时候运行，无法看到方块，如图 3-12 所示。

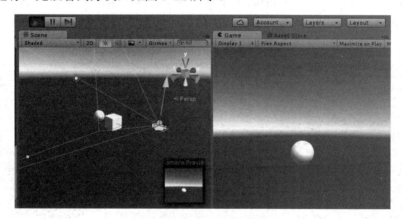

图 3-12

3. Depth

当一个场景中出现多个摄像机的时候，该属性决定显示的前后。

3.3 游戏对象

游戏对象是场景中的各种对象的总称。在"Hierarchy"窗口中，每行为一个游戏对象。取消游戏对象左上角的复选框可以禁用游戏对象，如图 3-13 所示。

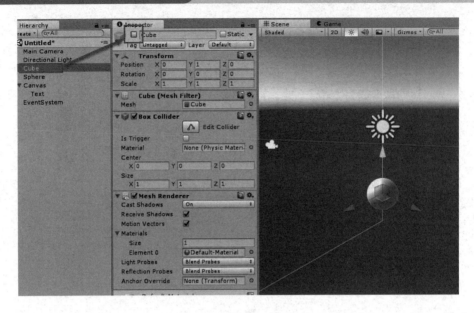

图 3-13

游戏对象最基本的属性是 Transform 组件，每个游戏对象都有一个"Transform"组件或"Rect Transform"组件。该组件决定了游戏对象在场景中的位置、角度和缩放，如图 3-14 所示。

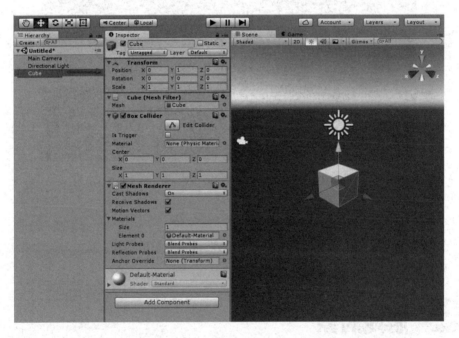

图 3-14

游戏对象可以有父子关系，其子对象的启用、大小、位置和缩放以其上级的游戏对象为准。
一个游戏对象被禁用的时候，其下的所有子游戏对象都被禁用。
一个游戏对象的位置、大小和缩放受其父游戏对象影响。

如图 3-15 所示，球体的位置虽然是（0，0，0），但是因为其父游戏对象的位置不在场景的（0，0，0）位置，所以球体位置也不在（0，0，0），而是以其父游戏对象的位置为坐标原点。

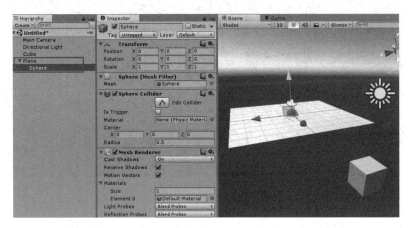

图 3-15

3.4 预制件

预制件是将游戏对象的组合固定下来作为特殊的资源以便反复使用。

（1）新建一个空的游戏对象，并添加一个球体和一个方块作为其子对象，如图 3-16 所示。

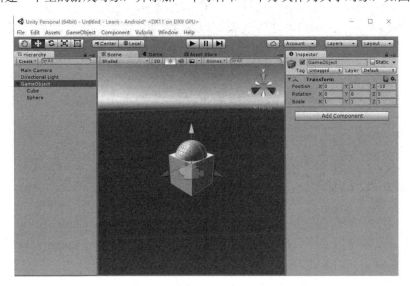

图 3-16

（2）将游戏对象重新命名（这步可略过），如图 3-17 所示。

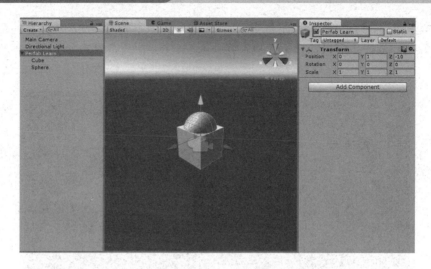

图 3-17

（3）在 Hierarchy 窗口，选中游戏对象"Porfab learn"，点击拖动到 Assets 窗口，就可以生成一个新的预制件，如图 3-18 所示。

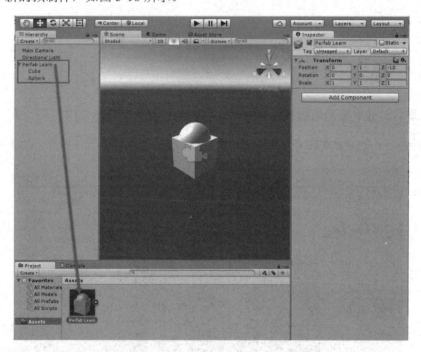

图 3-18

这样就可以反复使用了。只需要将预制件从 Assets 窗口，拖入 Scene 窗口或者 Hierarchy 窗口，就可以获得同样的游戏对象，如图 3-19 所示。

第 3 章　Unity 快速入门

图 3-19

3.5　组件

游戏对象是由组件组成的，不同的功能组件组成了不同功能的游戏对象。在"Inspector"窗口点击"Add Component"，即可为游戏对象添加组件，如图 3-20 所示。

图 3-20

31

如果是脚本组件，可以通过拖动的方法拖到游戏对象上，如图 3-21 所示。

图 3-21

3.6 其他常用内容

3.6.1 3D 模型

Unity3D 只支持 .fbx 格式的 3D 模型导入，如图 3-22 所示。

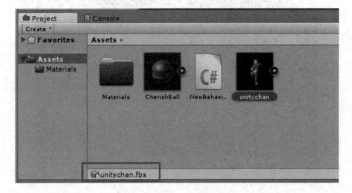

图 3-22

模型的贴图可以通过将图片资源直接拖动到模型上，从而生成贴图。

此外，Unity3D 还提供了一些简单的基础模型，如立方体、球体等，如图 3-23 所示。

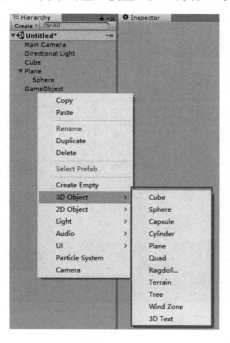

图 3-23

3.6.2 刚体

当为一个 3D 物体添加了"Rigidbody"组件后，该 3D 物体就变成一个刚体，可以赋予物理特性，如图 3-24 所示。

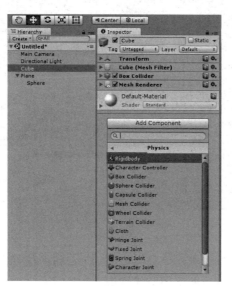

图 3-24

其中，可以设置刚体的质量（Mass），空气阻力（Drag），是否受重力影响（Use Gravity）等，如图 3-25 所示。

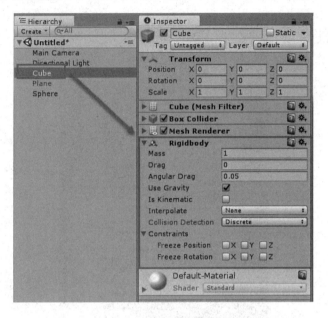

图 3-25

如图 3-26 所示，图中的球体因为没有刚体特性，会保持位置不变。而方块因为有刚体特性，所以会受到虚拟的重力影响而下落。

图 3-26

刚体的边缘并不是模型的边缘，而是由模型的 Collider 组件来决定。Collider 属性默认与模型一样，但是可以编辑大小，即下图中的线框。

另外，导入的 3D 模型默认没有 Collider 组件，如图 3-27 所示。

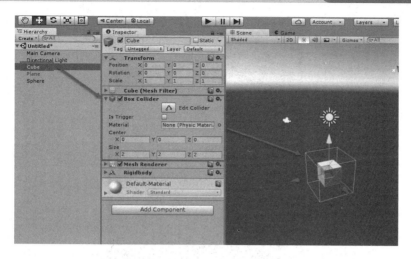

图 3-27

3.6.3 重力

Unity3D 的虚拟空间中，默认的重力和地球的重力一样。

点击菜单"Edit"→"Project Settings"→"Physics"，如图 3-28 所示。

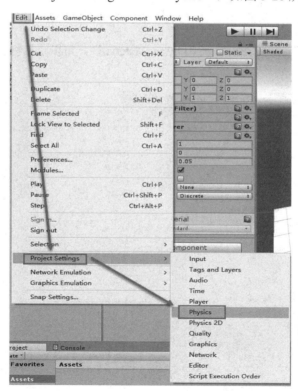

图 3-28

可以在"Gravity"选项中编辑重力的大小和方向，如图 3-29 所示。

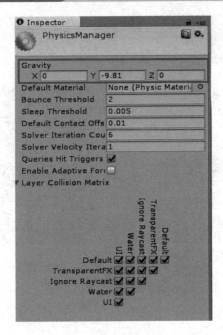

图 3-29

3.6.4 物理特性

点击菜单"Assets"→"Create"→"Physic Material",可以添加物理特性材质,如图 3-30 所示。

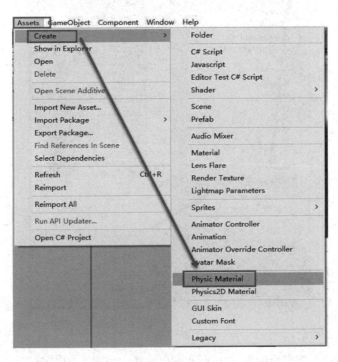

图 3-30

其中，可以设定移动中的阻力（Dynamic Friction）、静止时的阻力（Static Friction）、弹力（Bounciness），数值都是 0 到 1 的浮点，0 最小，1 最大，如图 3-31 所示。

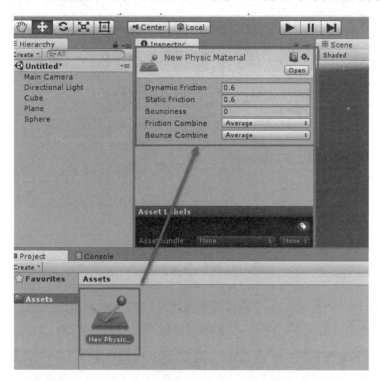

图 3-31

将该资源拖入 Collider 组件后就可以让该游戏对象拥有对应的物理特性，如图 3-32 所示。

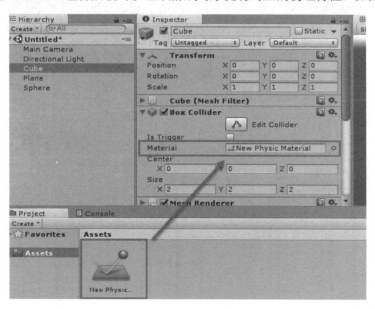

图 3-32

Unity3D 的标准资源包里提供了一些物理特性的资源，可以直接使用，图 3-33 所示。

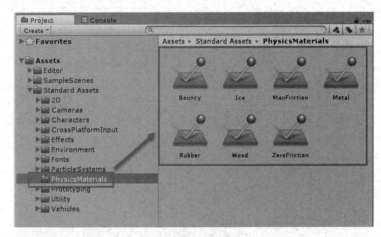

图 3-33

3.6.5 穿透

Collider 组件中，"Is Trigger"属性有穿透选项，即当两个 3D 游戏对象中有一个的"Is Trigger"属性被选中的情况下，两个 3D 游戏对象就可以被相互穿透，如图 3-34 所示。

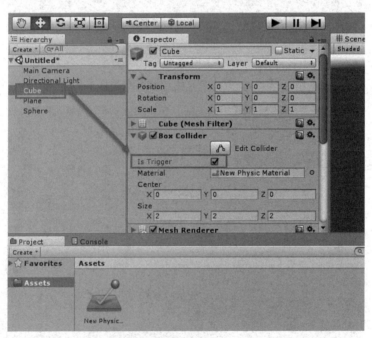

图 3-34

3.6.6 粒子系统

粒子系统用来在 Unity3D 中模拟流动的液体、烟雾、云、火焰和魔法等效果。粒子系统模拟出来的效果比 3D 模型动画和其他方法模拟出来的效果更节省资源。

点击菜单"GameObject"→"Particle System"就能在场景中添加一个粒子效果，如图 3-35 所示。

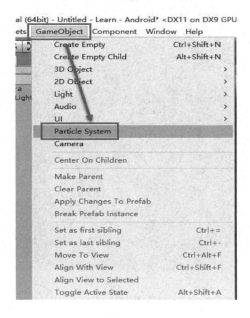

图 3-35

粒子系统有众多的选项可以选择，也可以通过图片的方式制作出各种效果，如图 3-36 所示。

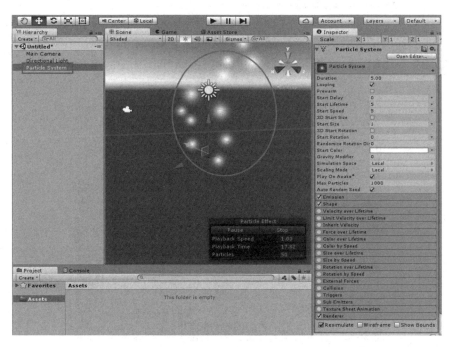

图 3-36

Unity3D 的标准资源里提供了一些粒子特效，可以参考，如图 3-37 所示。

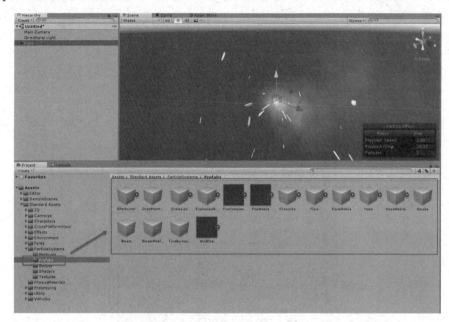

图 3-37

3.7 Unity GUI

Unity GUI 提供了常用的 UI，包括按钮、文本、文本框、滚动条、下拉框等。点击菜单"GameObject"→"UI"，选择需要添加的具体内容即可，如图 3-38 所示。

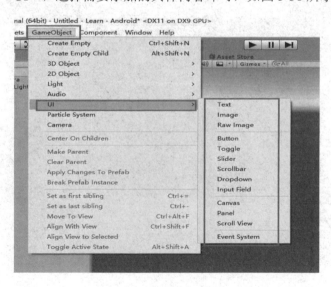

图 3-38

Unity GUI 所有对象都需要在"Canvas"为根结点的游戏对象下，并且需要一个"EventSystem"对象，如图 3-39 所示。

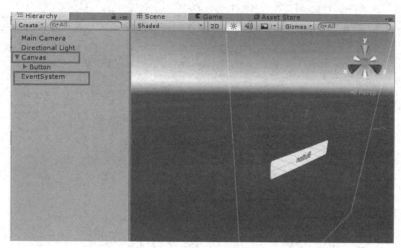

图 3-39

3.7.1 Render Mode 显示模式

Render Mode 显示模式设置界面如图 3-40 所示。

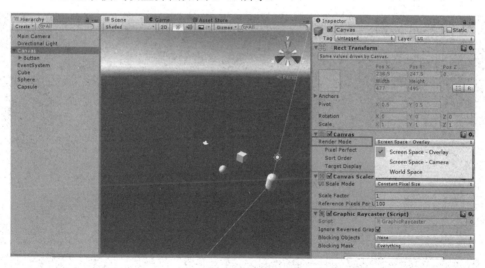

图 3-40

（1）Screen Space - Overlay

该模式下，UI 会始终出现在 3D 物体的最前方，如图 3-41 所示。

图 3-41

（2）Screen Space - Camera

该模式下，UI 会出现在距离相机一定位置的距离上，其中"Plane Distance"就是 UI 所在平面距离相机的位置，如图 3-42 所示。

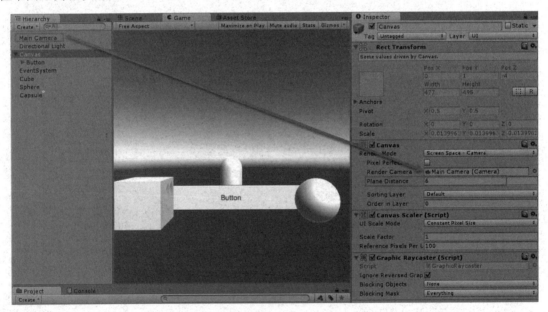

图 3-42

（3）World Space

该模式下，UI 会变成一个场景中的平面对象，如图 3-43 所示。

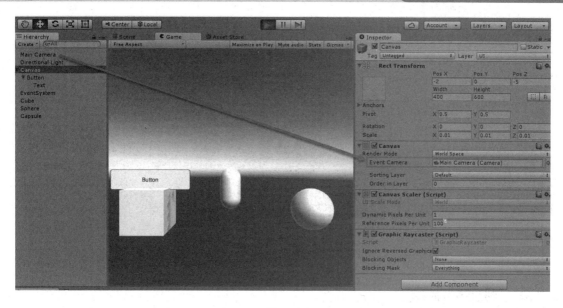

图 3-43

3.7.2 定位方式

(1) 绝对定位

以父对象的某个点作为定位参考时,对象不会因为父对象的大小变化而改变,会始终保持大小不变,如图 3-44 所示。

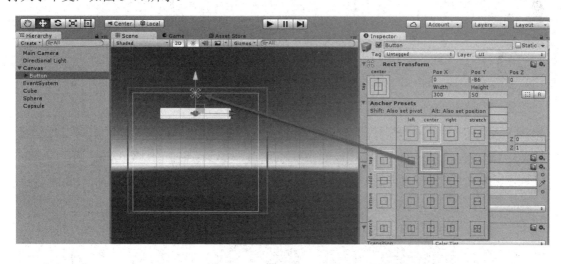

图 3-44

(2) 相对定位

以父对象的某条线或区块为定位参考时,对象会因为父对象的大小变化而改变,如图 3-45 所示。

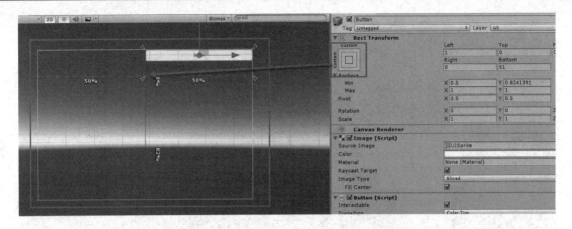

图 3-45

3.7.3 响应脚本

新建脚本：

```
using UnityEngine;
using System.Collections;

public class BtnClicked : MonoBehaviour {

    public void Clicked(){
        Debug.Log ("按钮被按下");
    }
}
```

新建一个游戏对象，将脚本拖入，如图 3-46 所示。

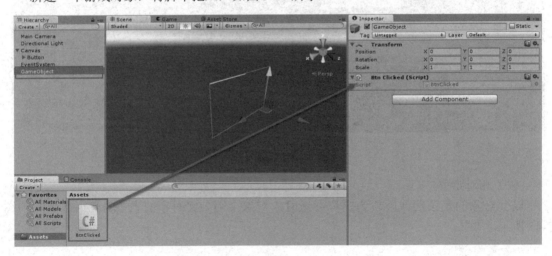

图 3-46

选中对应的 UI，添加事件，如图 3-47、图 3-48 所示。

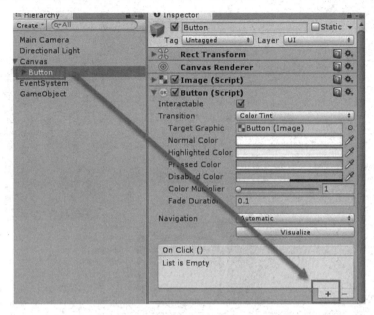

图 3-47

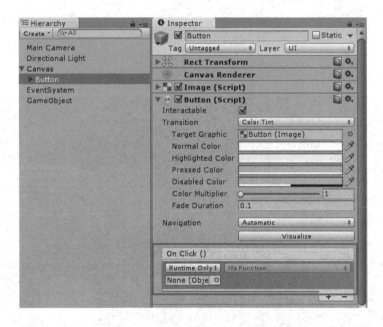

图 3-48

将有脚本的游戏对象拖入事件中，并选择响应的方法，也就是之前写的方法，如图 3-49 所示。

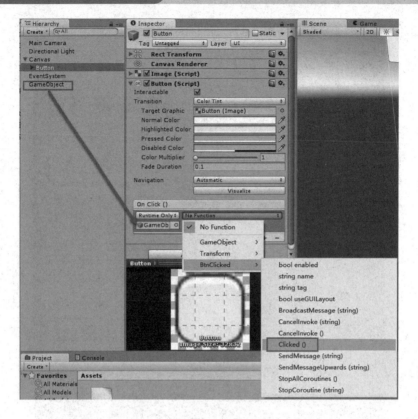

图 3-49

运行,按钮被点击时,就会有输出,如图 3-50 所示。

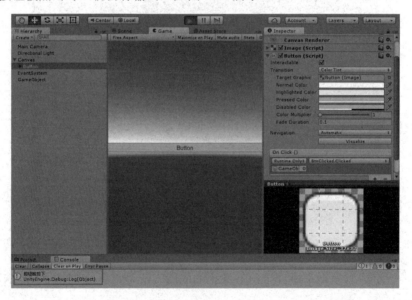

图 3-50

不同的 UI 组件只是响应的事件不同,添加响应脚本的方法是一样的,如图 3-51 所示。

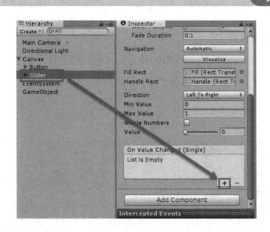

图 3-51

3.8 脚本

3.8.1 基本介绍

Unity3D 是基于 Mono 项目实现的,而 Mono 项目可以简单理解为第三方实现的跨平台的.net framework。

因此,个人推荐开发 Unity3D 使用 C#脚本而不是 Javascript 脚本。一方面 Unity3D 的 C#资源远比 Javascript 资源多;另外,一些不常见的问题,可以直接查微软的.net 的帮助,很多情况下都能通用。

在这里,不介绍 C#语言的基础了,大家可以直接查微软的资料,基本数据类型、语法、类的操作等不变。这里只介绍与微软 C#不同的地方。

在"Assets"里右击,选择"Create"→"C# Script"就可以添加脚本组件,如图 3-52 所示。

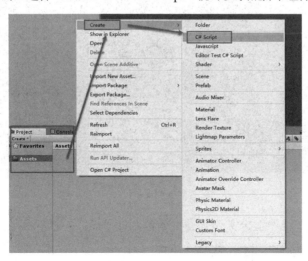

图 3-52

3.8.2 MonoBehaviour

一个脚本想要成为组件，必须继承 MonoBehaviour 类。

之后，公开属性的定义，除了可以在代码中定义，在 Unity3D 里，公开属性可以在 Unity 编辑界面中定义。

例：新建脚本 test.cs

```csharp
using UnityEngine;
using System.Collections;

public class test : MonoBehaviour {

    public string str;
    public GameObject go;

    // Use this for initialization
    void Start () {

    }
}
```

新建一个游戏对象，将脚本拖到该游戏对象下成为其组件，如图 3-53 所示。

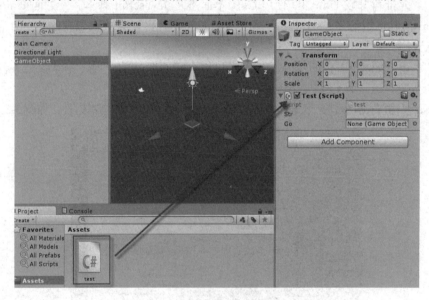

图 3-53

这时，可以直接在组件上定义公开属性的值，如 "str"；也可以通过拖动，将其他对象作为公开属性的值，如 "go"，如图 3-54 所示。

图 3-54

3.8.3 Transform

Transform 属性可以用来设置游戏对象的位置、角度和缩放，等同于在编辑界面修改 Transform 的值。

（1）设置游戏对象位置

设置对象的 transform.position 属性即可。

代码：

```
this.transform.position = new Vector3 (1f, 2f, 3f);
```

等效于在编辑器中直接修改 position 的值，如图 3-55 所示。

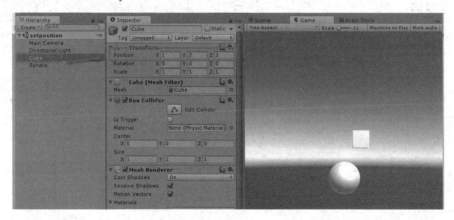

图 3-55

（2）设置游戏对象角度

调用对象的 transform.Rotate 方法 。

代码：

```
transform.Rotate (new Vector3 (15f, 45f, 90f));
```

等效于在编辑器中修改 rotation 的值，如图 3-56 所示。

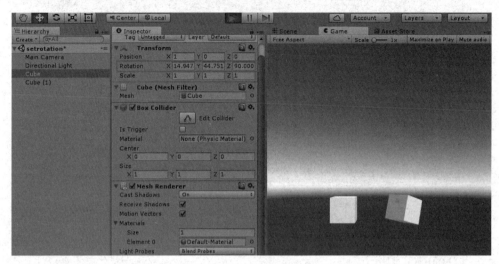

图 3-56

（3）设置游戏对象的大小

设置对象的 transform.localScale 属性即可。

代码：

```
transform.localScale = new Vector3 (1.5f, 2f, 3f);
```

等效于在编辑器中修改 scale 的值，如图 3-57 所示。

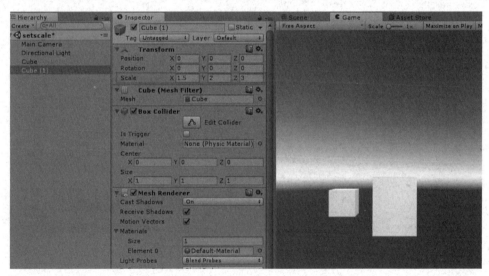

图 3-57

3.8.4 GameObject

GameObject 用来控制游戏对象本身，最常用的方法是启用或者禁用游戏对象。

代码:

```
gameObject.SetActive(false);
```

等效于在编辑界面操作,就是 Cube 选项选中或者不选中,分别对应启用和禁用两种状态,如图 3-58 所示。

图 3-58

3.8.5 常用事件

1. Awake

这个函数总是在任何 Start()函数之前一个预设被实例化之后被调用,如果一个 GameObject 是非激活的(inactive),在启动期间 Awake 函数是不会被调用的,直到它是活动的(active)。

2. OnEnable

只有在对象是激活(active)状态下才会被调用,这个函数只有在 Object 被启用(enable)后才会调用。这会发生在一个 MonoBehaviour 实例被创建,例如当一个关卡被加载或者一个带有脚本组件的 GameObject 被实例化。

3. Start

只要脚本实例被启用了 Start()函数,将会在 Update()函数第一帧之前被调用。

4. FixedUpdate

FixedUpdate 函数会比 Update 函数更频繁地被调用。它一帧会被调用多次,但它很少在帧之间被调用。所有的图形计算和更新在 FixedUpdate 之后会立即执行。当在 FixedUpdate 里执行移动计算,你并不需要 Time.deltaTime 乘以你的值,这是因为 FixedUpdate 是按真实时间，独立于帧率被调用的。

5. Update

Update 每一帧都会被调用，对于帧更新它是主要的负荷函数。

6. LateUpdate

LateUpdate 会在 Update 结束之后每一帧被调用，任何计算在 Update 里执行结束当 LateUpdate 开始时。LateUpdate 常用为第三人称视角相机跟随。

7. OnDisable

当行为变为非启用（disable）或非激活（inactive）时调用。

3.8.6 Instantiate

Instantiate 方法是用来实例化一个预制件的方法，支持泛型。
关键代码：

```
public GameObject perfab;

public void AddGameObject(){
    Instantiate (perfab);
}
```

新建一个预制件，如图 3-59 所示。

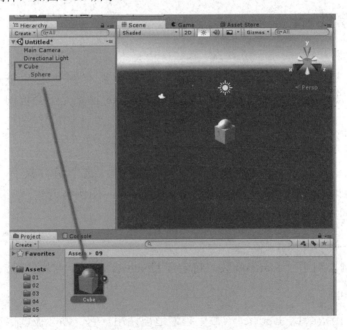

图 3-59

将预制件赋值给脚本，如图 3-60 所示。

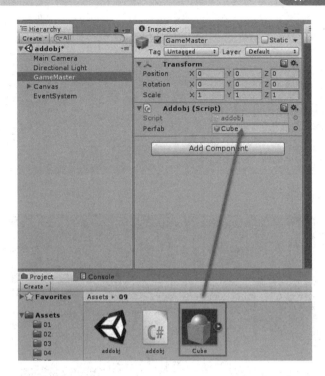

图 3-60

运行如下,每次点击都会生成一个新的游戏对象,如图 3-61 所示。

图 3-61

3.8.7 Destory

Destory 方法是用来删除一个游戏对象或者组件。当传入参数的类型是游戏对象时将删除该游戏对象；当传入参数的类型是其他组件的时候，将删除该组件。

关键代码：

```
public GameObject obj;

public void ToDel(){
    Destroy (obj);
}
```

初始状态，如图 3-62 所示。

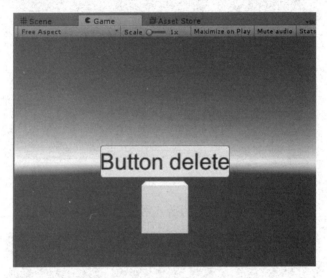

图 3-62

点击按钮以后，如图 3-63 所示。

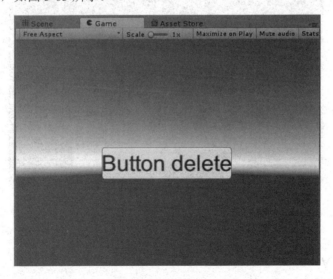

图 3-63

3.8.8 获取指定游戏对象或组件

获取指定游戏对象或组件有 5 种方法。

（1）方法一，在窗口直接复制 。

新建一个公开属性：

```
public cmptone one;
Public cmptthree three;
```

然后在窗口将包含该组件的游戏对象托到变量里，可以是自身或者其他游戏对象，如图 3-64 所示。

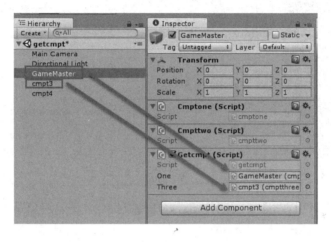

图 3-64

运行如图 3-65 所示。

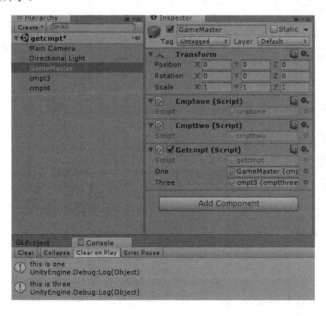

图 3-65

（2）方法二，如果组件在同一个游戏对象，可以用 GetComponent 方法获取制定组件，如图 3-66 所示。

```
GetComponent<cmpttwo> ().output();
```

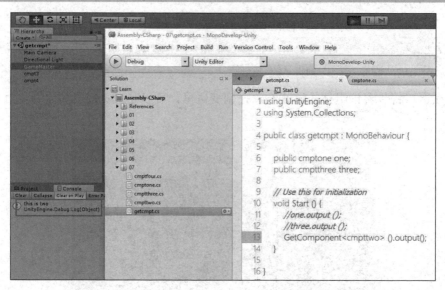

图 3-66

（3）方法三，可以用 FindObjectOfType 方法获取组件，无论对象是否和当前脚本在同一游戏对象，如图 3-67 所示。

```
FindObjectOfType<cmptfour>().output();
```

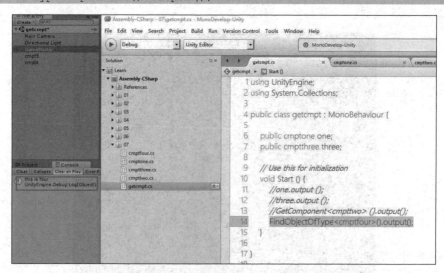

图 3-67

（4）方法四，可以用 GameObject.Find 方法根据游戏对象名称获取指定名称的游戏对象，如图 3-68 所示。

```
GameObject.Find ("GameObject one").SetActive (false);
```

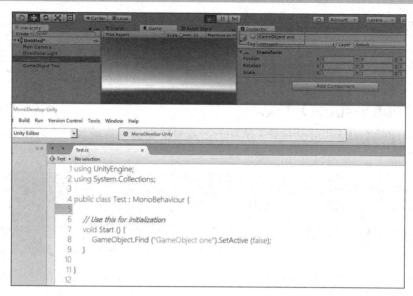

图 3-68

（5）方法五，可以用 GameObject.FindGameObjectWithTag 方法根据游戏对象所在的 Tag 来获取游戏对象，如图 3-69 所示。

```
GameObject.FindGameObjectWithTag ("Player").SetActive (false);
```

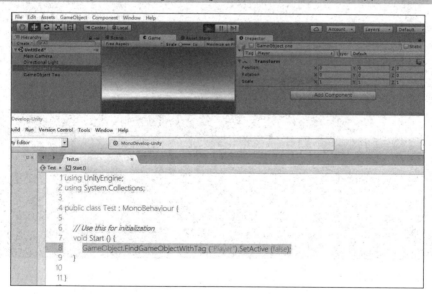

图 3-69

3.8.9　指定平台

Unity3D 支持在代码里，可以让某段代码只在指定平台或 Unity 版本下运行。

例如,下面代码将只在安卓平台下运行。

```
#if UNITY_ANDROID
.....
#endif
```

3.8.10 DontDestroyOnLoad

用 DontDestroyOnLoad 可以将对象所在的游戏对象保留,当场景切换的时候不被销毁。
关键代码:

```
void Start () {
    DontDestroyOnLoad (gameObject);
    SceneManager.LoadScene ("showgo");
}
```

如图 3-70 所示,图中的方块就是从上一个场景中带过来的,这个方法也可以被用来在不同场景中传递数据信息。

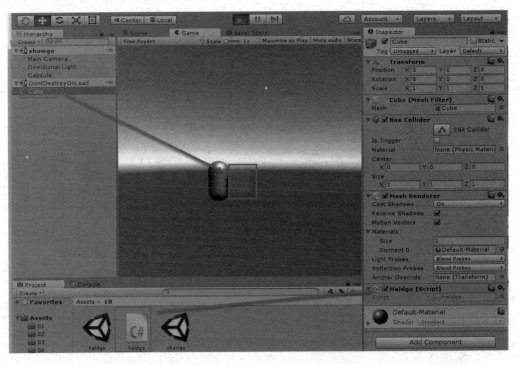

图 3-70

3.8.11 SendMessage

SendMessage 方法可以用来调用制定游戏对象中的脚本组件的方法,无论该方法是否是公开方法。

脚本一（如图 3-71 所示）：

```
void TestOne(){
    Debug.Log ("this is one.");
}
```

图 3-71

脚本二（如图 3-72 所示）：

```
void TestTwo(){
    Debug.Log ("this is two");
}
```

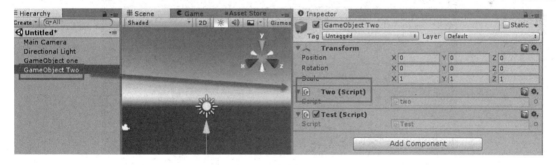

图 3-72

测试（如图 3-73 所示）：

```
void Start () {
    SendMessage ("TestTwo");
    GameObject.Find ("GameObject one").SendMessage ("TestOne");
}
```

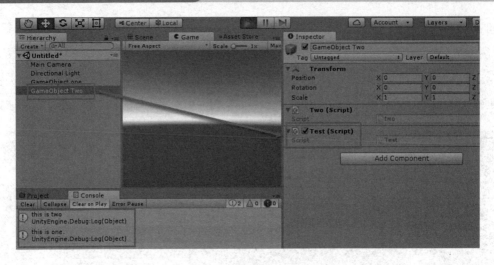

图 3-73

3.8.12 场景切换

场景切换过去是使用 Application.LoadLevel 方法，Unity 5.0 以后，改用 SceneManager.LoadScene 方法。

切换的场景，必须都在"Scenes In Build"里，如图 3-74 所示。

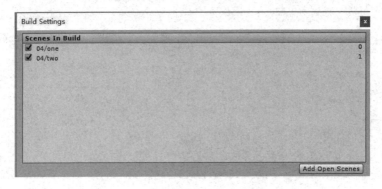

图 3-74

从场景"one"切换到场景"two"，如图 3-75 所示。

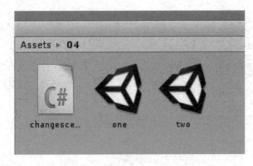

图 3-75

代码如下:

```
SceneManager.LoadScene ("two");
```

或者

```
SceneManager.LoadScene (1);
```

这里的数字与"Scenes In Build"里一致。

点击之前，如图 3-76 所示。

点击以后，如图 3-77 所示。

图 3-76

图 3-77

3.9 资源包的导入和导出

3.9.1 导入资源包

新建一个空的项目，点击菜单"Assets"→"Import Package"→"Custom Package"，如图 3-78 所示。

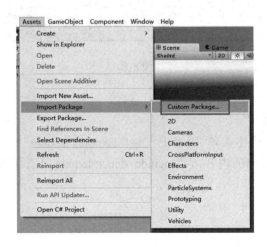
图 3-78

选择打开"StandardAssets1.1.1.unitypackage"文件，如图 3-79 所示。

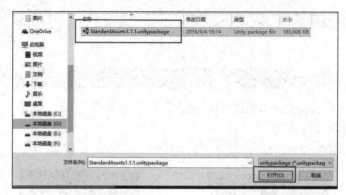

图 3-79

之后的确认窗口会提示导入内容的情况，并且可以选择导入的内容。点击"Import"按钮即可导入，如图 3-80 所示。

图 3-80

3.9.2 导出资源包

选中要导出的内容，点击菜单"Assets"→"Export Package"，如图 3-81 所示。

之后的窗口确认要导出的内容，"Include dependencies"选项表示是否包含相关的依赖项目，如图 3-82 所示。

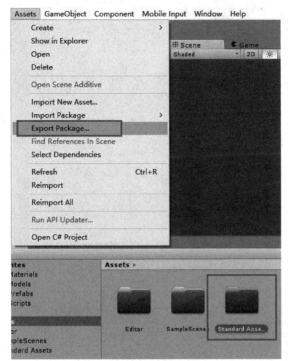
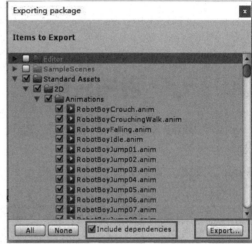

图 3-81　　　　　　　　　　　　　　　图 3-82

点击"Export"按钮后，需要选择导出的资源包的保存路径和文件名，如图 3-83 所示。

图 3-83

点击"保存"以后，就可以把项目中的内容以资源包的形式保存在本地，如图 3-84 所示。

图 3-84

3.10 发布应用

点击"Build Settings"界面中的"Player Settings"按钮,可以在 Inspector(检视)视图看到运行设置。点击选择想要发布的平台,此外必须安装过对应平台的支持包,否则没有"Build"按钮,如图 3-85 所示。

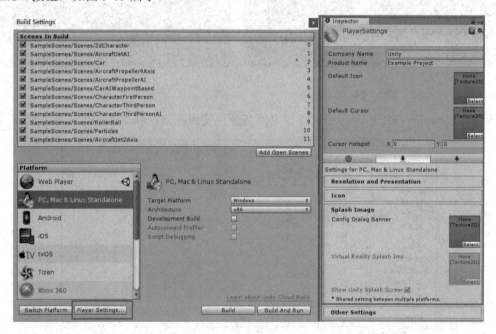

图 3-85

常用的通用设置有以下这些:

- Company Name:所在公司的名称。
- Product Name:项目名称(游戏运行时显示的名称。Windows 会显示在菜单栏上,Android 和 IOS 会显示成应用的名字)。
- Default Icon:默认图标。
- Default Cursor:默认的光标图像。
- Cursor Hotspot:光标热点。

- Splash Image：启动图标。

3.10.1 发布 Windows 应用

Windows 程序发布比较简单，Build Settings 界面设置是否支持 64 位处理器，如图 3-86 所示。

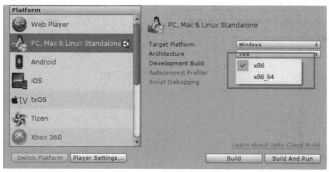

图 3-86

发布 Windows 常用的其他设置，如图 3-87 所示。

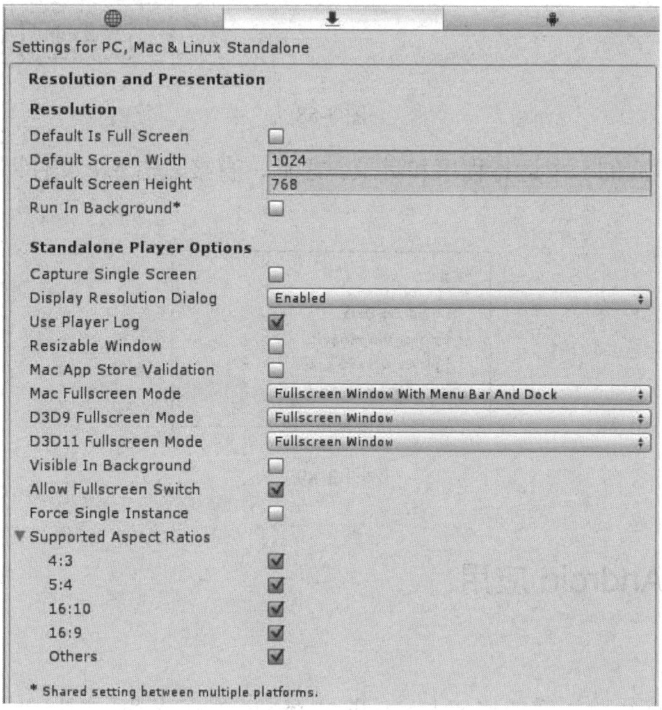

图 3-87

- Default Is Full Screen：默认全屏。
- Default Screen Width：默认屏幕宽。
- Default Screen Height：默认屏幕高。

- Run In Background：在后台运行。
- Resizable Window：可以调整窗口大小。
- Force Single Instance：只允许运行一个实例。

点击"Build"按钮以后，选择保存路径和文件名，点击"保存"按钮，如图 3-88 所示。

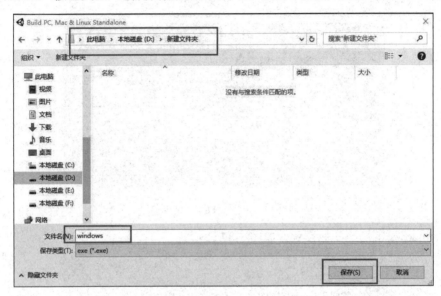

图 3-88

Unity 会生成对应的一个运行程序和目录。之后，直接点击 exe 文件即可运行，如图 3-89 所示。

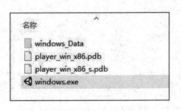

图 3-89

3.10.2 发布 Android 应用

1. 环境配置

发布 Android 应用除了需要安装 Unity 的 Android 发布支持程序以外，还需要 Java SDK 和 Android SDK。

（1）Java SDK

下载地址：http://www.oracle.com/technetwork/java/javase/downloads/index.html。

下载界面如图 3-90 所示。

第 3 章 Unity 快速入门

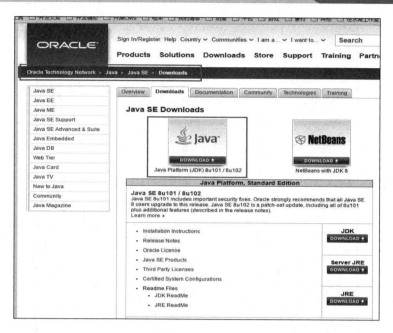

图 3-90

下载 JDK 安装程序安装即可。

（2）Android SDK

Android SDK 无法直接从官网下载，可以从下面地址下载。

下载地址：http://www.android-studio.org/。

下载界面如图 3-91 所示。

图 3-91

下载 zip 就可以了，然后解压到一个目录中，如图 3-92 所示。

图 3-92

运行目录中的"SDK Manager.exe"文件,如图 3-93 所示。

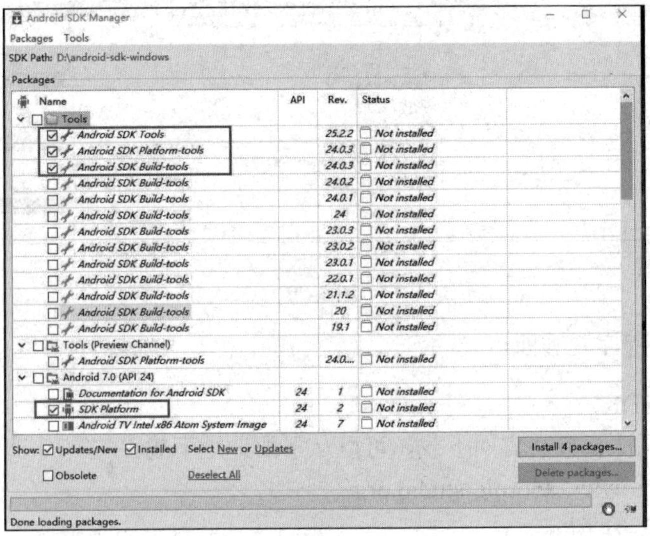

图 3-93

只需要选择 Tools 里面的前 3 项"Android SDK Tools""Android SDK Platform-tools" "Android SDK Build-tools"和最新版本里面的"SDK Platform",然后安装即可,如图 3-94、图 3-95 所示。

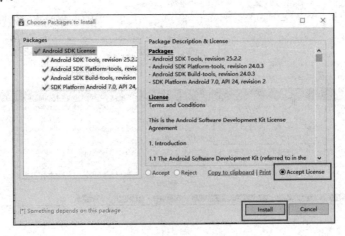

图 3-94

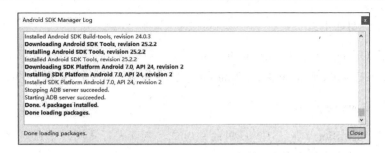

图 3-95

以上两步完成后，点击菜单"Edit"→"Preferences"，打开"Unity Preferences"窗口，为 Unity 设置 Android SDK 和 Java SDK 的根目录所在位置，如图 3-96 所示。

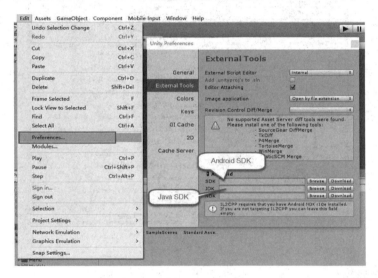

图 3-96

2. Android 应用发布

发布 Android 的常用设置，如图 3-97 所示。

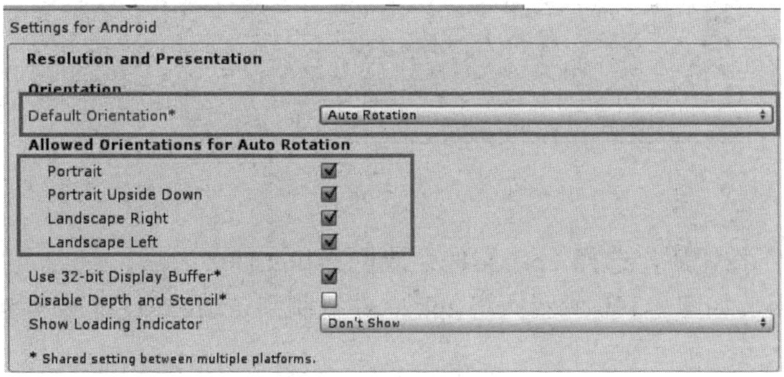

图 3-97

上图中选项说明如下：

- Default Orientation：默认屏幕的方向。
- Allowed Orientations for Auto Rotation：当屏幕翻转时允许出现的方向。

应用识别配置如图 3-98 所示。

- Bundle Identifier：绑定 ID 应用的身份证，判断是否是同一个应用的 ID，请按照标准填写。不修改这里无法发布。
- Minimum API Level：最低兼容的 Android 版本，该处显示内容与本地 Android SDK 相关。

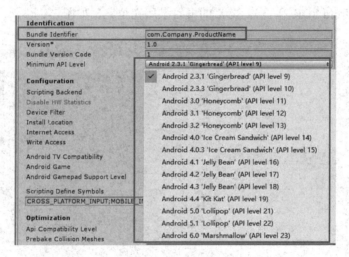

图 3-98

如果应用需要签名，在这里导入签名文件，如图 3-99 所示。

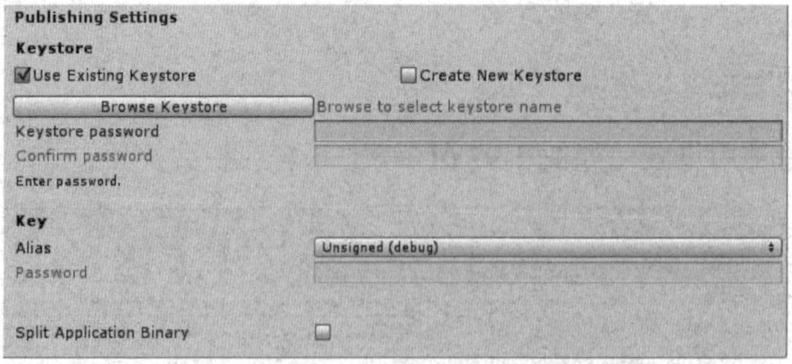

图 3-99

点击"Build"按钮后，选择 apk 文件存放位置和文件名之后，点击"保存"按钮，即可生成 Android 应用，如图 3-100 所示。将 apk 文件复制到 android 设备上安装即可。

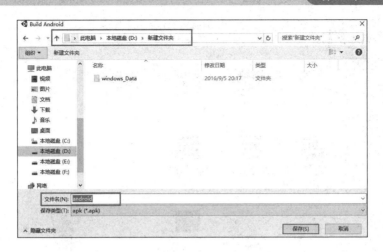

图 3-100

3.10.3 发布 iOS 应用

发布 iOS 应用，Unity 并不会直接生成最终应用，而是生成一个 Xcode 项目，再在 Xcode 里进行编译和发布。

最好用 Mac 版的 Unity 导出项目，在 Windows 版下导出的容易出错。

1. 导出 XCode 项目

发布 iOS 应用的常用设置，如图 3-101 所示。

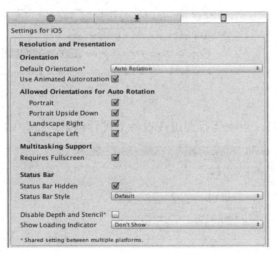

图 3-101

点击"Build"以后，会选择文件夹，选择文件夹完成以后，会生成一个 Xcode 项目。

2. 用 Xcode 发布

打开项目，双击文件，如图 3-102 所示。

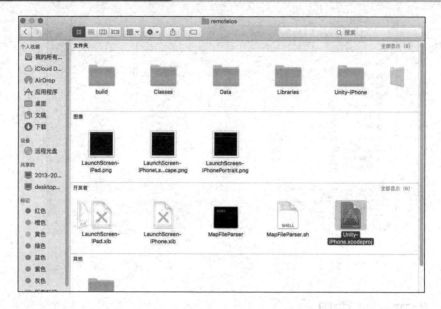

图 3-102

之后,选择要使用的证书,Xcode 会自动生成需要的内容,如图 3-103 所示。

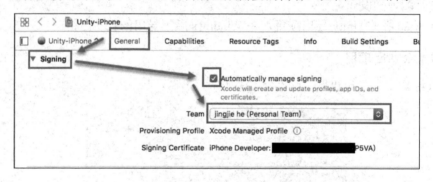

图 3-103

最后选择调式的设备,点击运行即可在设备上进行调试运行,如图 3-104 所示。

图 3-104

3. 为 Xcode 配置开发者账号

如果要在手机上调试,需要有苹果的开发者账号。第一次打开,需要设置开发者账号,打开"Xcode"→"Preferences"选项,如图 3-105 所示。

第 3 章　Unity 快速入门

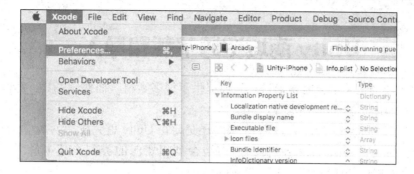

图 3-105

在"Accounts"里添加开发者账号，选中添加好的账号，点击"View Details..."按钮，如图 3-106 所示。

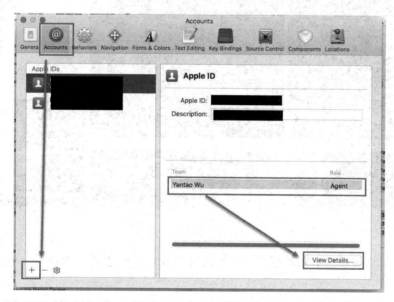

图 3-106

之后，可以设置签名和证书，如图 3-107 所示。

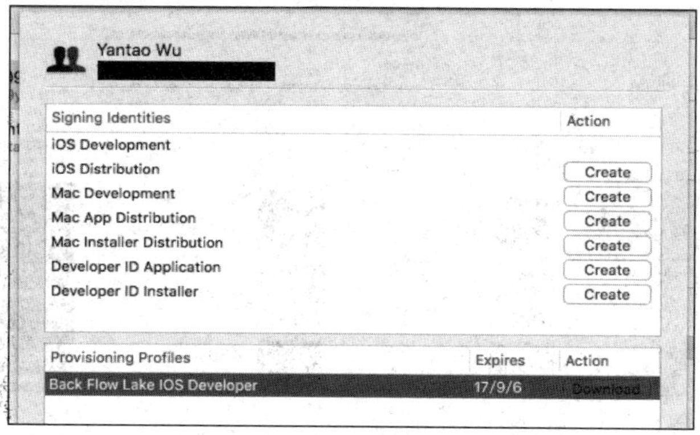

图 3-107

3.11 Unity 商城资源下载和导入

Unity 很重要的一个部分就是商城,里面提供了很多素材、插件、工具、案例。无论是学习或者开发,商城都是一个很重要的工具和平台。

商城可以在浏览器上打开,但是下载最终还是要在 Unity 里完成。

在 Unity 里打开 Asset Store 窗口,右边会列出资源的类型,其中最下面一栏 Unity Essentials 是官方提供的内容,如图 3-108 所示。

图 3-108

可以在顶部的搜索栏中输入想要的内容进行查找。找到想要的内容后,点击进入,如图 3-109 所示。

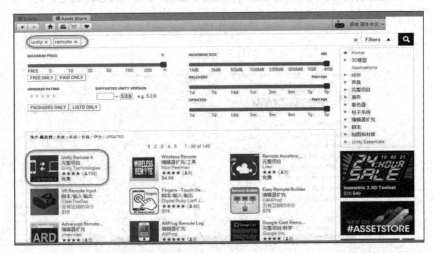

图 3-109

进入以后，可以看到详细内容。如果是付费内容需要先购买，然后才能下载；如果是免费内容，可以直接下载，如图 3-110、图 3-111 所示。Unity 商城只支持国际信用卡和 Paypal，不过应该很快也支持支付宝和银联了。

图 3-110

图 3-111

下载好的内容会存到本地并自动导入，也可以点击下载管理器，查看所有获取过的内容，下载并导入，如图 3-112 所示。

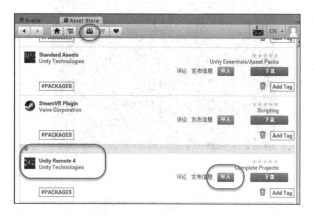

图 3-112

第 4 章
◀ 增强现实介绍 ▶

4.1 基本概念

增强现实，英文 Augmented Reality，简称 AR，台湾地区翻译为扩增现实，是通过电脑等科学技术，模拟仿真后再叠加，把虚拟信息（物体、图片、视频、声音等）融合在现实环境中，将现实世界丰富起来，被人类感官所感知，从而达到超越现实的感官体验。

4.2 主流实现方式

虽然，增强现实的概念看起来很广泛，但是，常见的实现手段主要有以下一些。

1. 特定图像识别

通过对特定图片的预处理，提取图片信息点，如图 4-1 所示，图中黄色十字就是该图片的信息点，信息点越多越容易识别。

图 4-1

当摄像头拍摄到的内容中有这些信息点，可以根据信息点的位置来叠加信息。最常见的是叠加 3D 模型、视频和声音，如图 4-2 所示。

图 4-2

这个方法可以扩展为对某一特定场景或物体的识别，但是本质不变，依旧是图片识别。

2. 地理信息定位

识别所在位置的经纬度信息、摄像头朝向的方向等，在摄像头拍摄到的内容中叠加信息，如图 4-3 所示。

图 4-3

3. 人体动作识别

主要是利用微软的 Kinect，识别玩家肢体位置，然后在其上叠加内容，例如，虚拟试衣，如图 4-4 所示。

图 4-4

4. 面部识别

利用面部识别技术，识别用户面部及五官位置，然后在其上叠加内容，例如，虚拟化妆，如图 4-5 所示。

图 4-5

5. 仅将现实作为背景

仅将现实作为背景，在其上实时叠加信息。这个算是最边缘的增强现实。

4.3　典型案例

1. 小熊尼奥系列（图片识别）

国内起步较早的一家，主要面向儿童教育，通过扫描卡片显示 3D 模型和场景等信息。有兴趣可以自己到天猫搜索相关产品，还算有趣，如图 4-6 所示。

图 4-6

2. 宜家家居（图片识别）

通过用手机应用扫描宜家家居杂志的封面，然后选择想要的家具，就可以在手机里看到选中的家具在现实中的情况。而且，因为有宜家家居杂志的封面做参考，所以显示的家具的大小和真实的大小很接近，对于选购家具非常有帮助。

可以在视频网站搜索关键词"宜家+增强现实"查看宣传视频，如图 4-7 所示。

图 4-7

3. Pokemon Go（地理定位）

Pokemon Go 是一款对现实世界中出现的宝可梦进行探索捕捉、战斗以及交换的游戏。玩家可以通过智能手机在现实世界里发现精灵、进行抓捕和战斗，如图 4-8 所示。

图 4-8

4. iButterfly（地理定位）

2010 年日本人做的一个 AR 应用。走到指定区域以后，可以在手机里看见有蝴蝶在飞，捕捉这些蝴蝶，可以获得优惠券，如图 4-9 所示。

图 4-9

5. 随便走（地理定位）

功能就是地图的功能，只是变成了 AR 的方式。算是比较有特点的一个 AR 应用了，如图 4-10 所示。

图 4-10

6. 国家地理活动（现实作为背景）

在会场制定区域附近，用摄像机拍摄，然后实时叠加上 3D 模型，再放到大屏幕上，如图 4-11、图 4-12 所示。

图 4-11

图 4-12

7. Mini 汽车活动（地理定位）

活动的时候，打开该应用，会在地图上看到一辆虚拟的 mini 汽车。当走到距离该虚拟汽车 50 米范围内，可以将该汽车抓到自己手机上，带着走。这时，如果别人走到你 50 米范围内，也可以把虚拟的 mini 汽车从你手机里抓走。活动结束时，谁持有虚拟 mini 汽车时间最长，会获得一辆真的 mini 汽车，如图 4-13 所示。

图 4-13

4.4　常用增强现实 SDK

1. Vuforia

网址：https://developer.vuforia.com/。Logo 如图 4-14 所示。

Vuforia 是国内外使用最多的一个增强现实的 SDK。Vuforia 功能除了常见的图片识别，还提供了柱体识别、立方体识别、物体识别、虚拟按钮、智能贴图等功能。有免费版可以使用，免费版带一个不很大的水印。优点是稳定性和兼容性比较高，官方示例不错，更新及时，操作简单，容易上手。缺点是这是个英文产品，官方文档资料都是英文的，网站访问有时候会很慢。不过，好在还是有很多的中文教程可以在网络上搜索到。

2. EasyAR

网址：http://www.easyar.cn/。Logo 如图 4-15 所示。

图 4-14　　　　　　　　　　　　图 4-15

EasyAR 是国产的增强现实 SDK 中使用比较多的一款。EasyAR 的主要功能是图片识别。官方示例做的不错，还有国内常见的涂涂乐（识别图片显示 3D 模型并将图片映射成 3D 模型纹理）。提供免费版，并且没有水印，官方文档写的尚可。（据说在对机器的兼容性上比 vuforia 略差，此一说法未经考证。）

3. ARToolKit

网址：http://artoolkit.org/。Logo 如图 4-16 所示。

ARToolKit 是一个国外的开源的增强现实 SDK。只有图片识别功能，使用起来很不方便，文档写的也一般，唯一优点就是开源。如果需要对识别算法等底层内容进行修改或学习，可以考虑这款 SDK。

4. Wikitude

网址：http://www.wikitude.com/。Logo 如图 4-17 所示。

图 4-16　　　　　　　　　　　　图 4-17

Wikitude 是一个国外的商用增强现实 SDK。在源生 Android 和 IOS 的 SDK 中支持地理信息定位的增强现实技术，但是，在 Unity 平台下面，只支持图片识别。而且，免费试用的水印，只能用凶残来形容。除非要在源生平台下使用地理定位，否则不建议使用。

5. 太虚 AR

网址：http://www.voidar.net/。Logo 如图 4-18 所示。

太虚 AR 是一款国内的增强现实 SDK，SDK 上一版更新是 2016 年 5 月。提供一个手绘识别的功能很有意思。但是，SDK 更新太慢，貌似在 Unity 5.0 以后版本上会报错。

6. HiAR

网址：https://www.hiscene.com/。Logo 如图 4-19 所示。

图 4-18　　　　　　　　　　　　图 4-19

HiAR 也是一款国内的增强现实 SDK。功能上只有基本的图片识别，也提供了涂涂乐的功能。说明文档尚可，只是操作起来略显复杂。

4.5 其他

1. 在线制作

现在市场上也有在线制作增强现实的平台。国内提供在线制作增强现实的平台，如天眼AR（http://www.tianyanar.com/）和找趣（http://realcast.cn/）。通过上传识别图片、模型，进行简单的设置，然后使用官方 APP 扫描下载制作的内容，就可以看到增强现实的内容了。制作很方便，常用的简单功能都有，如图 4-20 所示。

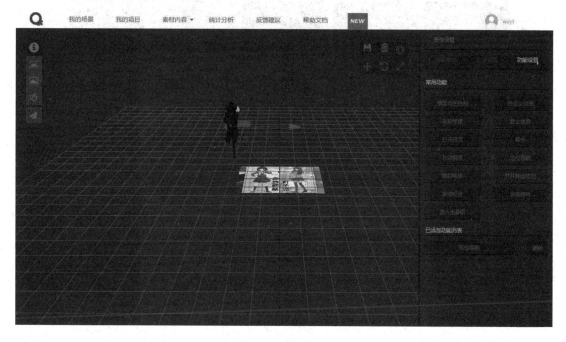

图 4-20

2. 地理信息

Unity 本身支持读取经纬度，但是 google 地图没法在大陆地区使用。

Unity 商城里面有一款叫 GoMap 的插件，用起来很方便，但是，不确定这家公司是否有在中国大陆开展地理信息业务的资质，如图 4-21 所示。

图 4-21

国内能用的地图主要是百度地图和高德地图，然而两家都没有提供 Unity 的插件。个人尝试过高德地图的安卓平台 SDK，显示地图、导航等功能要在 Unity 上用很复杂，本人虽经努力，但还是放弃了。不过，定位功能要在 Unity 上使用却是可以的。

3. 基于微信的增强现实

如果希望在微信中打开增强现实，Unity 暂时就帮不上忙了。因为手机浏览器无法装 Unity 插件，对 WebGL 的支持也很差，必须基于 HTML5+CSS3+Javascript。

如果是基于地理位置的，可以尝试高德地图的 Web API；如果是需要扫描图片进行识别，提供这种功能的 SDK 目前已知的是 jsartoolkit。通过 jsartoolkit 识别，然后用 tree.js 显示 3D 模型。不过这种方法因为没有图形化的编辑界面，开发效率会很低，难度也不小。

jsartoolkit 网址是：https://github.com/artoolkit/jsartoolkit5。

第 5 章 基于 Vuforia SDK 的增强现实开发

5.1 Vuforia 简介

Vuforia 原本是高通旗下增强现实 SDK，2015 年卖给了 PTC，是国内使用较多的一款增强现实 SDK，上手简单，可免费使用。虽然是全英文，但是可以搜索到大量的中文教程。

Vuforia 的基本流程：

（1）注册账号
（2）下载 SDK
（3）获取 key
（4）新建数据库，添加数据并上传对应的图片或内容
（5）下载数据
（6）导入 SDK 和数据
（7）在新场景里，添加 ARCamera 和对应的预制件并设置
（8）将要显示的 3D 模型添加为预制件的子对象

5.2 准备工作

5.2.1 注册账号

Vuforia 网址：https://developer.vuforia.com/。

注册页面：https://developer.vuforia.com/user/register。

简单填写相关内容后即可注册，如图 5-1、图 5-2 所示。

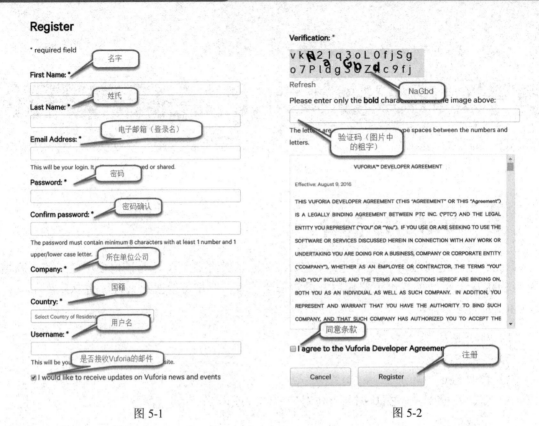

图 5-1　　　　　　　　　　　　　　图 5-2

5.2.2　下载 SDK

在官网 Downloads 页面中，找到 SDK 并下载，如图 5-3 所示。

图 5-3

5.2.3 添加 key

（1）登录以后，点击"Develop"下的"License Manager"，就可以看到添加 key 的按钮，如图 5-4 所示。

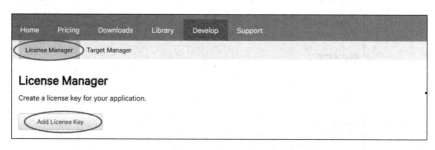

图 5-4

（2）点击以后，如果是学习，只需要填写 key 的名称即可，如图 5-5 所示。

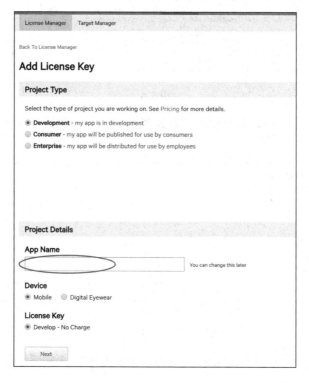

图 5-5

（3）之后是确认界面，会提示这个 key 的使用限制，选中同意条款，点击"Confirm"即可，如图 5-6 所示。

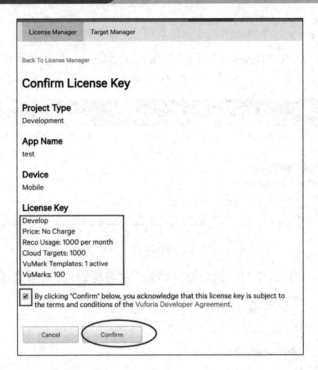

图 5-6

（4）再次回到管理界面，就可以看到新添加的 key。一个账号下可以添加多个 key，如图 5-7 所示。

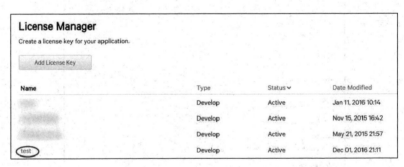

图 5-7

点击 key 名称以后，可以看到 key 的内容。需要把如图 5-8 所示框选部分复制到本地，开发时使用。

注意，没有正确的 key，程序将无法运行。

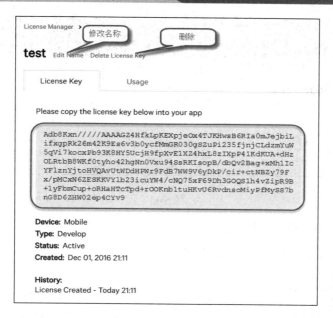

图 5-8

5.2.4 添加数据库

点击 "Develop" 下的 "Target Manager"，就可以看到添加数据库的按钮，如图 5-9 所示。点击以后，填写名称即可，如图 5-10 所示。

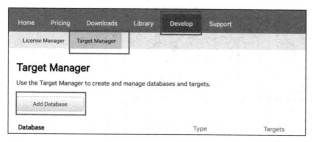

图 5-9

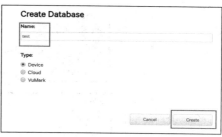

图 5-10

5.3 识别图片显示 3D 模型

5.3.1 添加识别图片

（1）点击添加好的数据库名称，如图 5-11 所示。

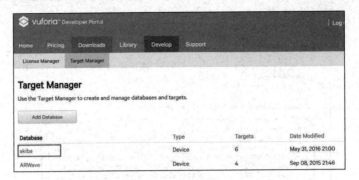

图 5-11

点击"Add Target"按钮，如图 5-12 所示。

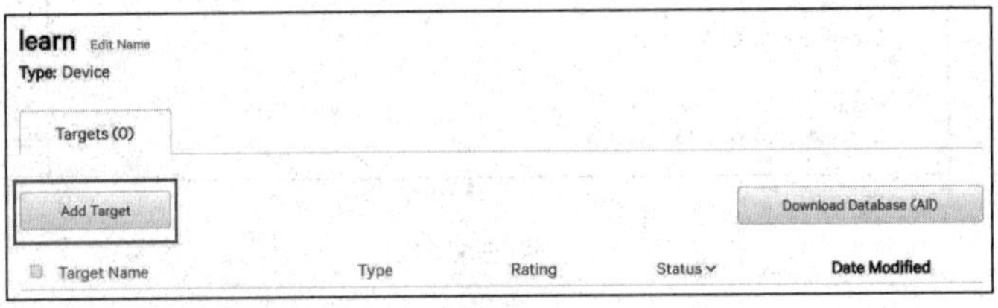

图 5-12

（2）这时会看到弹出框，如图 5-13 所示。

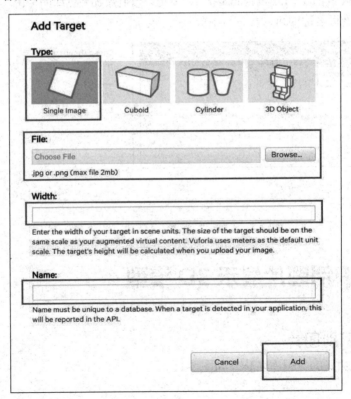

图 5-13

- Type：添加类型，有单个图片（Single Image），立方体（Cuboid），柱体（Cylinder），3D 对象（3D Object）。在这里请选择"Single Image"。
- File：选择需要识别的图片文件，jpg 或是 png 格式，最大不超过 2MB。
- Width：宽度（单位：米），这里的宽度不是图片的宽度，而是识别图片在真实环境中的宽度。例如一个图片文件，宽度是 4900 像素，打印成 10 英寸照片，然后识别的话，这里应该填写 0.254。
- Name：图片的名称，最好是英文，默认为图片文件名。

选择图片，填写宽度，名称以后，点击"Add"按钮即可，如图 5-14 所示。

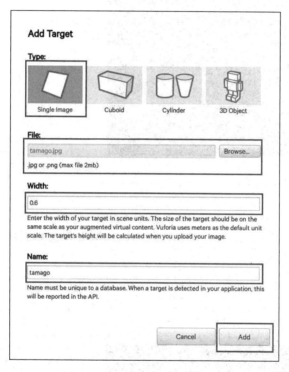

图 5-14

（3）上传完以后，就可以看到上传的图片的情况了。其中，图片的星级很重要。一般而言，小于 3 颗星的图片，识别都会比较困难，如图 5-15 所示。

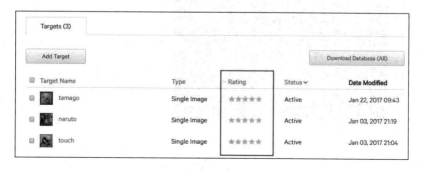

图 5-15

特别说明：点击图片名称以后，可以看到识别图片的详细信息，在这里除了可以修改名称、删除图片、更新图片以外，最重要的是可以显示识别功能点，如图 5-16 所示。

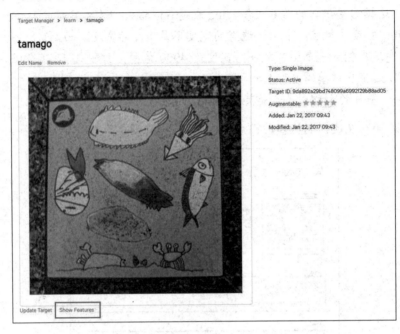

图 5-16

点击左下角"Show Features"，可以看到下图，图上黄色十字就是识别功能点，越多则识别率越高，如图 5-17 所示。

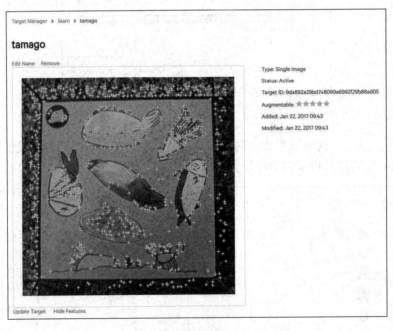

图 5-17

5.3.2 下载识别数据

在添加识别的界面里，点击"Download Database"按钮，如图 5-18 所示。

图 5-18

选择"Unity Editor"，然后点击"Download"按钮，如图 5-19 所示。

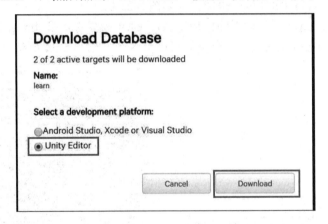

图 5-19

就会得到一个文件名是数据库名的 unity 包，如图 5-20 所示。

图 5-20

5.3.3 建立场景

（1）导入 Vuforia SDK，如图 5-21 所示。
（2）导入识别数据，如图 5-22 所示。

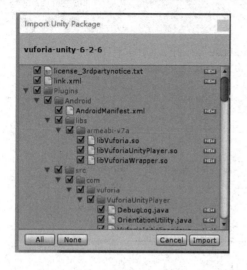
图 5-21

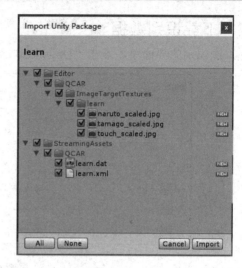
图 5-22

（3）新建场景，并删除默认的摄像机，如图 5-23 所示。

（4）将 Vuforia\Perfabs 目录下的 ARCamera（AR 摄像机）和 ImageTarget（图片目标）预制件拖入场景，ImageTarget（图片目标）可以有多个，如图 5-24 所示。

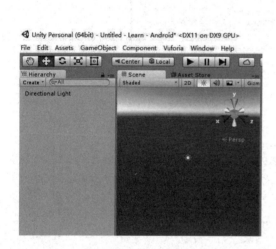
图 5-23　　　　　　　　　　　　　　图 5-24

（5）将识别以后要显示的 3D 对象添加到场景，并设置为 ImageTarget（图片目标）的子对象。这里使用的模型是从 unity 商城中的免费 3D 模型里找到的，如图 5-25 所示。

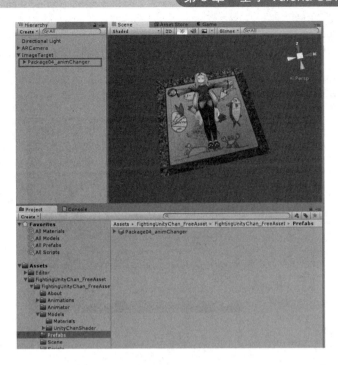

图 5-25

5.3.4 设置游戏对象

（1）ARCamera

在"App License Key"里填入之前申请的 key。不填无法运行，会报错。

在 Datasets 里选中需要加载的数据的复选框以及对应的"Activate"复选框。当有多个数据时会显示多个。但至少选中一组，如图 5-26 所示。

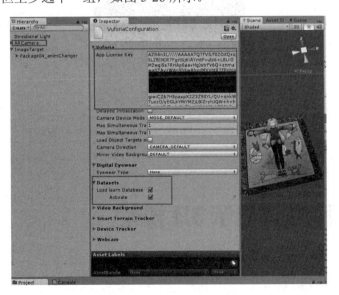

图 5-26

（2）ImageTarget

选择"Database"以及"Image Target"。这里选择的图片名称和该游戏对象的子对象将决定识别什么图片，显示什么内容。

调整子对象大小和位置到需要的状态，如图 5-27 所示。

图 5-27

5.3.5 测试

只要电脑有摄像头，就可以运行测试一下。之后，就可以发布到安卓或者 IOS 平台，如图 5-28 所示，图中圈选中的是摄像头。

图 5-28

5.4 识别柱体显示 3D 模型

5.4.1 添加识别柱体

（1）点击添加好的数据库名称，如图 5-29 所示。

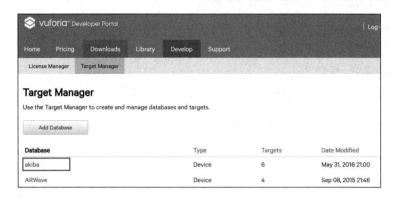

图 5-29

点击"Add Target"按钮,如图 5-30 所示。

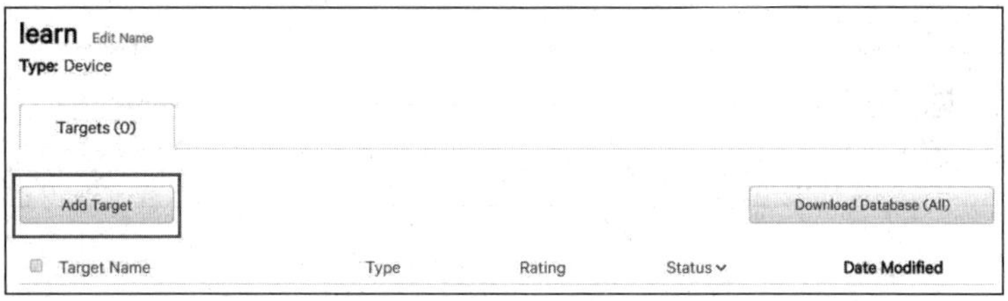

图 5-30

点击"Cylinder"添加内容,如图 5-31 所示。

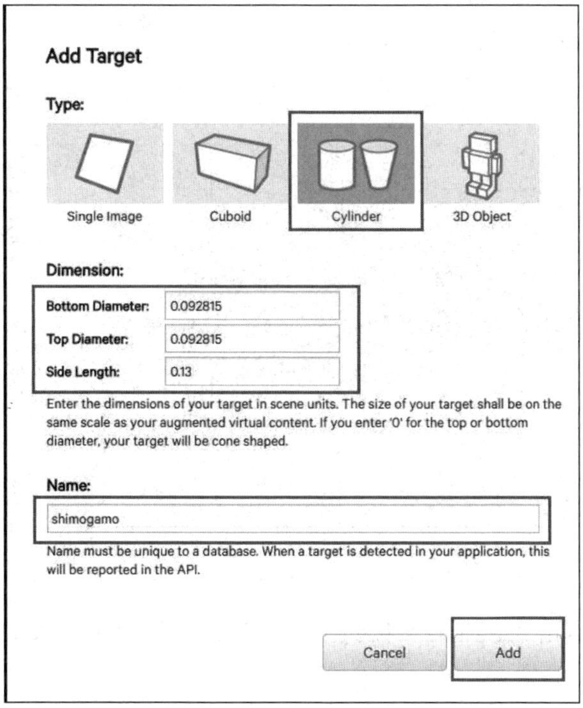

图 5-31

- Bottom Diameter：底部直径。
- Top Diameter：顶部直径。
- Side Length：柱体高。

当底部直径或者顶部直径为"0"时，会获得一个圆锥体。

（2）添加完以后，点击名称，上传图片，如图 5-32 所示。

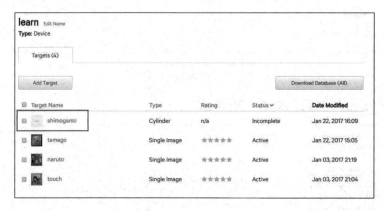

图 5-32

上传图片的界面下，左边是预览功能，右边可以选择上传柱体的顶、边和底，如图 5-33 所示。

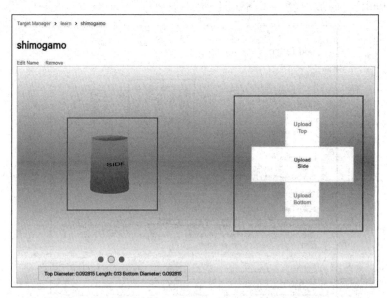

图 5-33

选择图片文件，点击"Upload"按钮上传。注意：图片的长宽要计算对，否则无法上传，如图 5-34 所示。

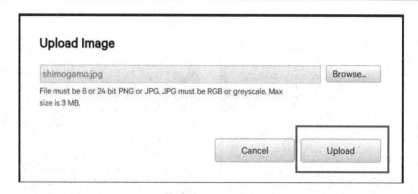

图 5-34

（3）上传后的样子如下，如果是桶或者管子，可以不传顶或底，如图 5-35 所示。

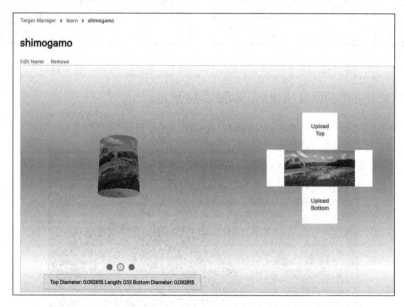

图 5-35

5.4.2 下载识别数据

该过程同 5.3.2 节一样。

5.4.3 建立场景

（1）导入 Vuforia SDK 和数据，如图 5-36、图 5-37 所示。

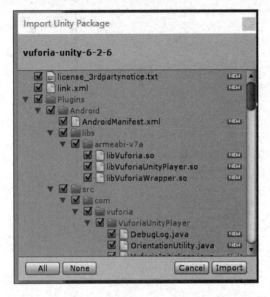
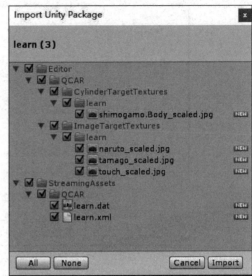

图 5-36　　　　　　　　　　　　　　图 5-37

（2）新建场景并删除默认摄像机，如图 5-38 所示。

图 5-38

（3）将 Vuforia\Perfabs 目录下的 ARCamera（AR 摄像机）和 CylinderTarget（柱体目标）预制件拖入场景，CylinderTarget（柱体目标）可以有多个，如图 5-39 所示。

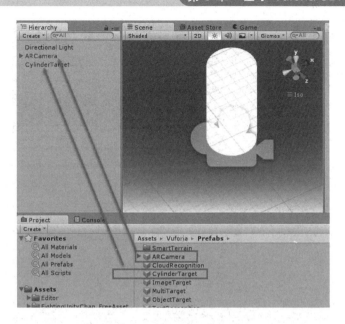

图 5-39

（4）将识别以后要显示的 3D 对象添加到场景，并设置为 CylinderTarget（柱体目标）的子对象，如图 5-40 所示。

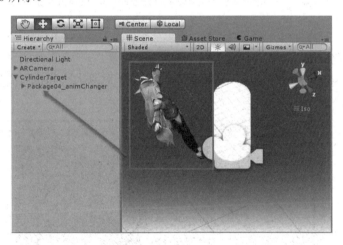

图 5-40

5.4.4　设置游戏对象

（1）ARCamera

在"App License Key"里填入之前申请的 key。不填无法运行，会报错。

在 Datasets 里选中需要加载的数据的复选框以及对应的"Activate"复选框。当有多个数据时会显示多个，但至少选中一组，如图 5-41 所示。

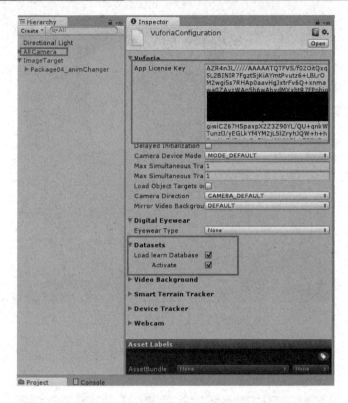

图 5-41

（2）CylinderTarget

选择"Database"以及"Cylinder Target"，调整子对象大小和位置到需要的状态，如图 5-42 所示。

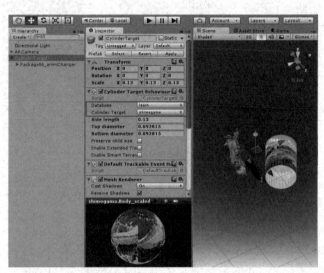

图 5-42

5.4.5 测试

只要电脑有摄像头，就可以运行测试一下。之后，就可以发布到安卓或者 IOS 平台，如图 5-43 所示，图中圈选中的是摄像头。

图 5-43

5.5 识别物体显示 3D 模型

5.5.1 下载 Vuforia Object Scanner 并打印图片

（1）从官网下载物体扫描 APK。官方提示该 APK 只支持三星 Galaxy S6 和 Galaxy S7，不过如果只是学习，在其他安卓手机也可以用。

网址如下：https://developer.vuforia.com/downloads/tool，如图 5-44 所示。

图 5-44

（2）解压目录里，还有两个 pdf 文件，内容是一样的，打印一份，如图 5-45、图 5-46 所示。

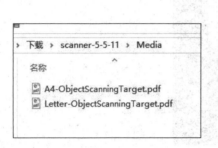

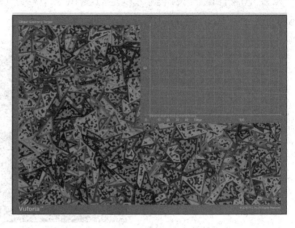

图 5-45　　　　　　　　　　　　　　图 5-46

5.5.2　扫描物体

（1）安装完应用以后，点击右上角加号，如图 5-47 所示。

图 5-47

（2）将要扫描的物体放在打印的图片中没有图案的地方，用手机摄像头对准物体，点击录制按钮，如图 5-48 所示。

（3）用手机围绕物体拍摄，会出现一个框，当扫描到信息以后，框上空白的地方会变成绿色，如图 5-49、图 5-50 所示。

图 5-48　　　　　　　　　　　　　　图 5-49

(4) 扫描结果体现在左上角的 Points 数,该数字越大,识别效果越好。录制完成以后,点击右下角按钮,如图 5-51 所示。

图 5-50 　　　　　　　　　　　　图 5-51

(5) 点击左下角的"Test",可以测试扫描情况,如图 5-52 所示。

用手机对准物体,当屏幕中出现绿色柱子的时候,说明识别出扫描物体了,如图 5-53 所示。

图 5-52 　　　　　　　　　　　　图 5-53

(6) 点击右上角按钮,如图 5-54 所示。

(7) 选择分享并选中之前扫描的内容,点击右下角"Share"就可以把扫描的结果发送出去,如图 5-55 所示。

图 5-54 　　　　　　　　　　　　图 5-55

(8) 在收到的内容中,有个 .od 的文件,这个就是要上传的文件,如图 5-56 所示。

图 5-56

5.5.3 添加识别物体

（1）点击添加好的数据库名称，如图 5-57 所示。

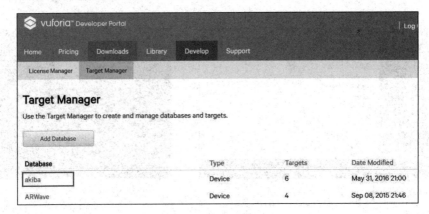

图 5-57

点击"Add Target"按钮，如图 5-58 所示。

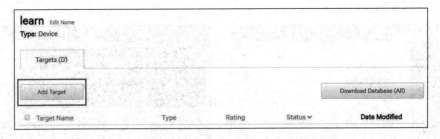

图 5-58

（2）点击"3D Object"添加识别对象，选择*.od 文件并上传，如图 5-59 所示。

图 5-59

除了图片识别会显示星级以外，其他识别都不显示星级，如图 5-60 所示。

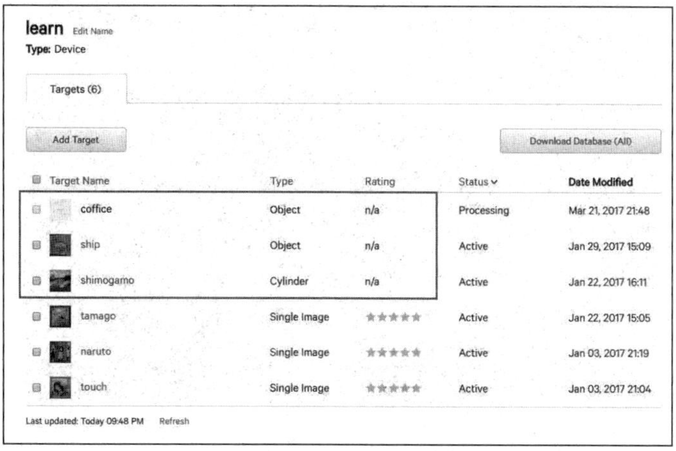

图 5-60

5.5.4 下载识别数据

该过程同 5.3.2 节一样。

5.5.5 建立场景

（1）导入 Vuforia SDK 和数据，如图 5-61、图 5-62 所示。

图 5-61　　　　　　　　　　　　图 5-62

（2）新建场景并删除默认摄像机，如图 5-63 所示。

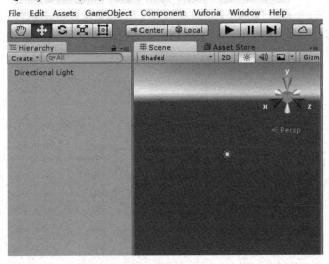

图 5-63

（3）将 Vuforia\Perfabs 目录下的 ARCamera（AR 摄像机）和 ObjectTarget（物体目标）预制件拖入场景，ObjectTarget（物体目标）可以有多个，如图 5-64 所示。

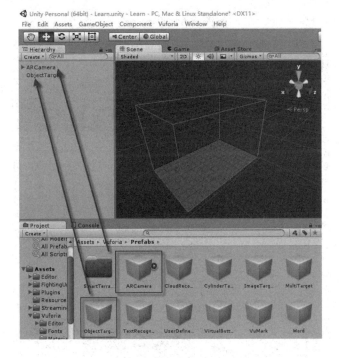

图 5-64

（4）将识别以后要显示的 3D 对象添加到场景，并设置为 ObjectTarget（物体目标）的子对象，如图 5-65 所示。

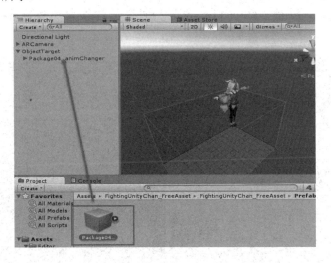

图 5-65

5.5.6 设置游戏对象

（1）ARCamera

在"App License Key"里填入之前申请的 key。不填无法运行，会报错。

在 Datasets 里选中需要加载的数据的复选框以及对应的"Activate"复选框。当有多个数据时会显示多个。但至少选中一组，如图 5-66 所示。

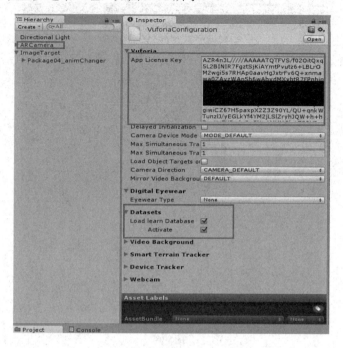

图 5-66

（2）ObjectTarget

选择"Database"以及"ObjectTarget"，调整子对象大小和位置到需要的状态，如图 5-67 所示。

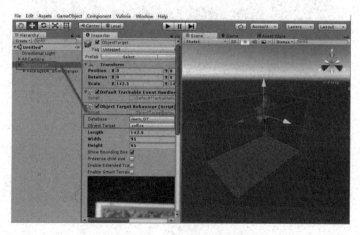

图 5-67

5.5.7 测试

只要电脑有摄像头，就可以运行测试一下。之后，就可以发布到安卓或者 IOS 平台，如图 5-68 所示，图中所圈处是摄像头。

第 5 章 基于 Vuforia SDK 的增强现实开发

图 5-68

5.6 识别图片播放视频

5.6.1 下载例子

（1）打开以下网址或者点击官网的"Downloads"→"Samples"。

下载网址：https://developer.vuforia.com/downloads/samples，如图 5-69 所示。

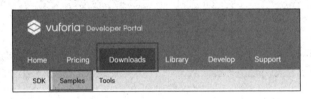

图 5-69

（2）找到"Advanced Topics"，点击"Download for Unity"，下载 Unity 的示例，如图 5-70 所示。

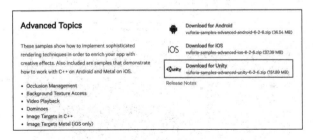

图 5-70

（3）下载以后，解压，会获得 3 个文件，其中，"VideoPlayback-6-2-6. unitypackage"是之后要用到的，如图 5-71 所示。

图 5-71

5.6.2 导入例子和数据

（1）导入"VideoPlayback-6-2-6.unitypackage"，如图 5-72 所示。

（2）导入之前用的识别图片的数据，如图 5-73 所示。

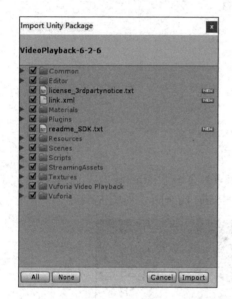 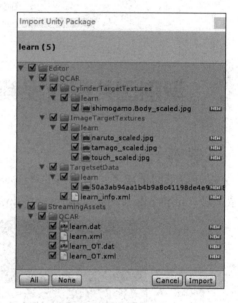

图 5-72　　　　　　　　　　　图 5-73

5.6.3 建立场景

（1）新建一个场景，并删除默认的摄像机，如图 5-74 所示。

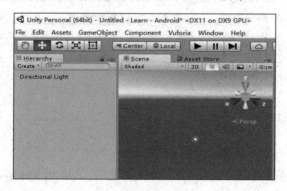

图 5-74

（2）添加"ARCamer"和"ImageTarge",如图 5-75 所示。

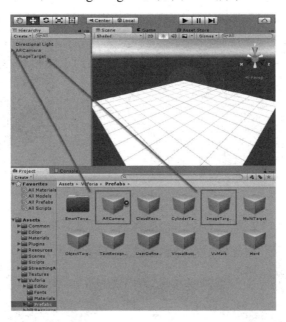

图 5-75

（3）在"ImageTarget"下添加子对象"Video",如图 5-76 所示。

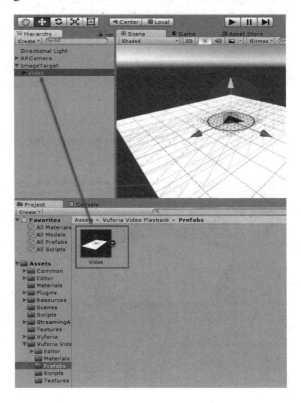

图 5-76

(4) 在根下新建一个空的游戏对象，如图 5-77 所示。

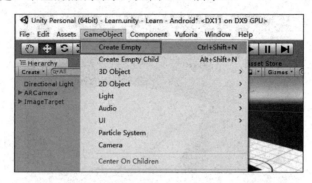

图 5-77

(5) 为"ARCamera"添加"PlayVideo"脚本，如图 5-78 所示。

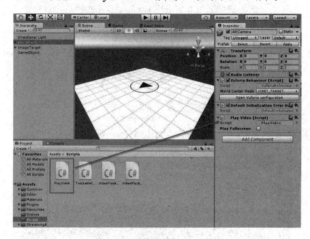

图 5-78

(6) 将"ImageTarget"下的"DefaultTrackableEventHandler"脚本删除，重新添加"TrackableEventHandler"脚本，如图 5-79 所示。

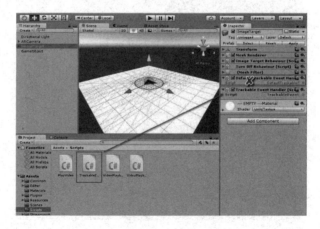

图 5-79

（7）在新建的空的游戏对象中，添加"VideoPlaybackTapHandler"脚本，该脚本的作用是实现点击视频后的播放和暂停，如不需要该功能可以不添加，如图 5-80 所示。

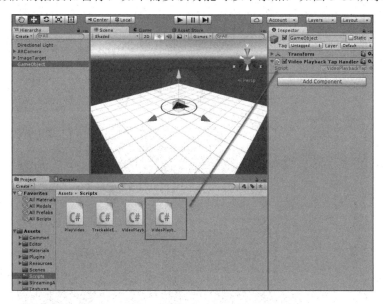

图 5-80

5.6.4 设置游戏对象

（1）ARCamera

在"App License Key"里填入之前申请的 key。不填无法运行，会报错。

在 Datasets 里选中需要加载的数据的复选框以及对应的"Activate"复选框。当有多个数据时会显示多个。但至少选中一组，如图 5-81 所示。

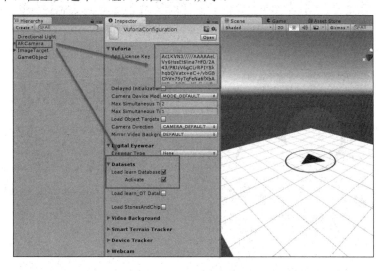

图 5-81

（2）ImageTarget

选择"Database"以及"Image Target"。这里选择的图片名称和该游戏对象的子对象将决定识别什么图片，显示什么内容，如图 5-82 所示。

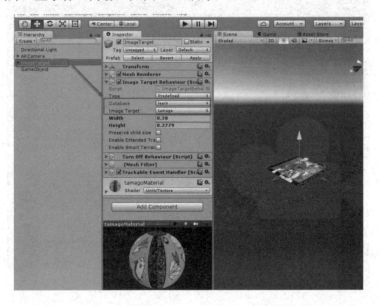

图 5-82

（3）Video

设置"Path"内容为要播放的视频地址。"AutoPlay"为是否一旦识别图片就自动播放。

要播放的视频，如果是本地文件，必须放在"StreamingAssets"目录下，可以是 mp4 或 ogg 文件；如果是网络文件，需要输入完整的 URL 地址，如图 5-83 所示。

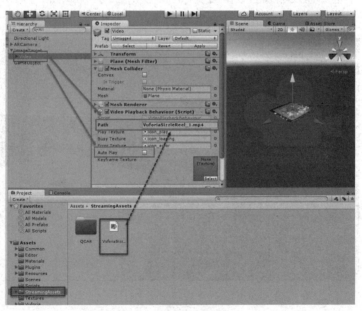

图 5-83

5.6.5 测试

这个视频播放器只支持 Android 和 IOS，所以只能打包以后在手机上测试，如图 5-84 所示。

图 5-84

第 6 章
基于EasyAR SDK的增强现实开发

6.1 EasyAR 简介

EasyAR 是 Easy Augmented Reality 的缩写,是视辰信息科技(上海)有限公司的增强现实解决方案系列的子品牌,是国内的增强现实 SDK 中使用较多的一款。文档尚可,还提供了很多方便使用的例子。

官方网址:http://www.easyar.cn/。

6.2 获得 key

(1)在官网注册账号以后,登录进入网站,点击"开发",如图 6-1 所示。

图 6-1

(2)点击"创建应用",如图 6-2 所示。

图 6-2

(3)输入应用名称、包名(包名相当于每个应用的身份证号),点击"确定"按钮,如图 6-3 所示。

第 6 章 基于 EasyAR SDK 的增强现实开发

图 6-3

（4）创建完成以后，点击"显示"就可以看到 key 了，如图 6-4 所示。

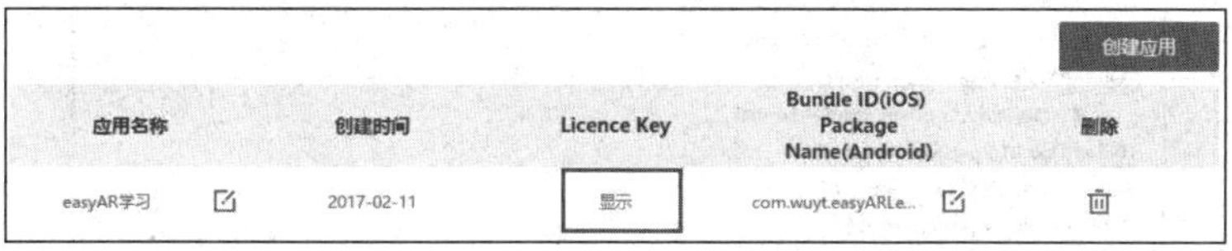

图 6-4

查看 Key 效果，如图 6-5 所示。Key 在开发中是必需的。如果要生成移动应用，包名也必须和 key 对应。

图 6-5

6.3 下载开发包

登录官网以后，点击"下载"，即可看到 EasyAR SDK 的下载，如图 6-6 所示。

图 6-6

EasyAR 官方提供了很多示例。实际使用中，用官方示例来修改比直接用 SDK 开发方便很多。

在之前的下载页面往下拖动，就可以看到官方示例下载的地方，如图 6-7 所示。

图 6-7

下载以后解压，可以看到数个 Unity 工程和说明文档，如图 6-8 所示。

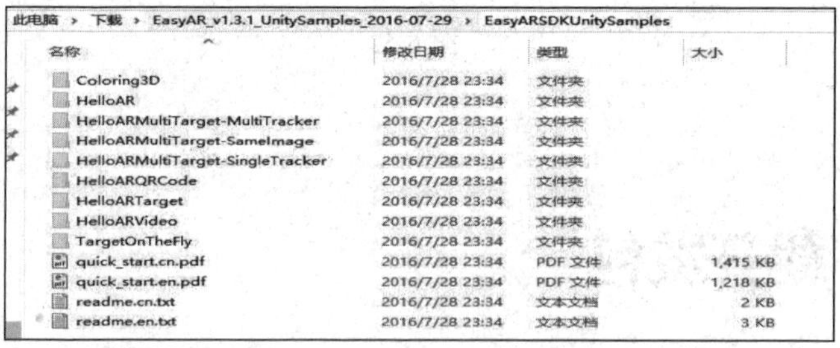

图 6-8

6.4 识别图片显示 3D 内容

6.4.1 新建场景

（1）用 Unity 打开"HelloAR"工程，如图 6-9 所示。

图 6-9

（2）新建一个场景，删掉默认的摄像机，并将"EasyAR_Startup"预制件拖入到场景中，如图 6-10 所示。

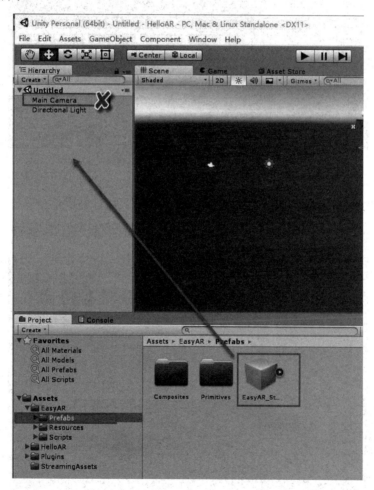

图 6-10

（3）将"ImageTarget"预制件拖入场景，如图 6-11 所示。

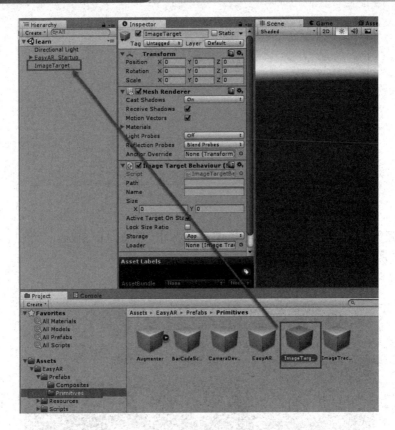

图 6-11

（4）将要识别的图片拖入"StreamingAssets"目录，如图 6-12 所示。

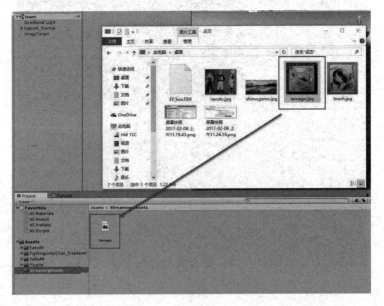

图 6-12

（5）将要显示的 3D 模型拖入场景并设为"ImageTarget"的子对象，如图 6-13 所示。

图 6-13

6.4.2 替换添加脚本

在这个示例中,官方提供了两个在 SDK 里面没有的脚本,如图 6-14 所示。

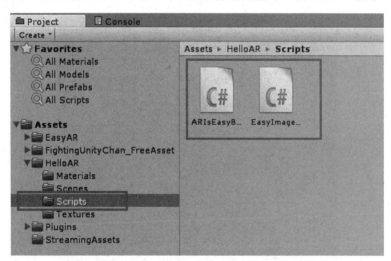

图 6-14

ARIsEasyBehaviour,该脚本可以将当前识别的情况输出到控制台,帮助调试用的。

EasyImageTargetBehaviour,该脚本是在 ImageTargetBehaviour 脚本的基础上修改的,主要功能是在图片被识别以后,显示隐藏对应的游戏对象。官方在默认的 SDK 中只提供了接口和方法,并没有提供实现。

删除"ImageTarget"里的默认脚本"ImageTargetBehaviour",如图 6-15 所示。

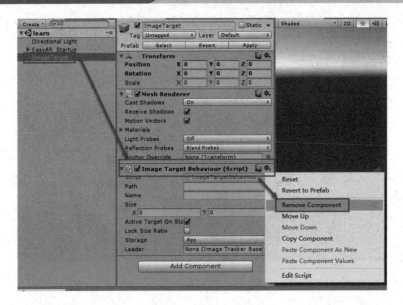

图 6-15

添加例子中的"EasyImageTargetBehaviour"脚本到"ImageTarget"游戏对象,如图 6-16 所示。

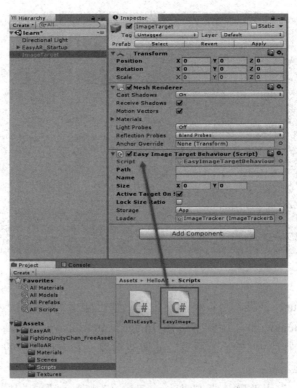

图 6-16

如果想要方便调试,可以将"ARIsEasyBehaviour"脚本添加到"EasyAR_Startup"游戏对象,如图 6-17 所示。

第 6 章 基于 EasyAR SDK 的增强现实开发

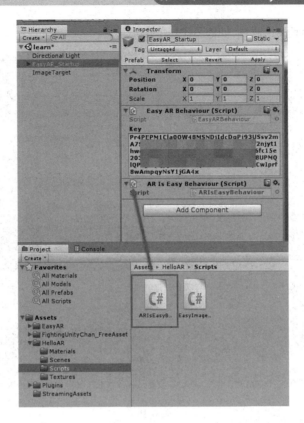

图 6-17

6.4.3 设置游戏对象

（1）将官网申请的 key 填入到 EasyARBehaviour 的 Key 里，如图 6-18 所示。

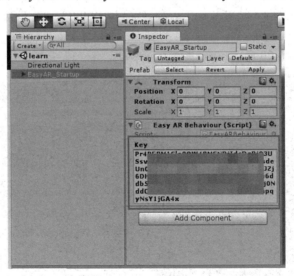

图 6-18

（2）设置"ImageTarget"，如图 6-19 所示。

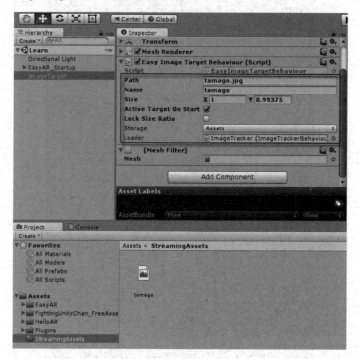

图 6-19

- Path：识别文件的路径，根据"Storage"设置而不同。
- Name：识别文件的名称。
- Size：数字只要和图片长宽比一致就好。例如，（4,3）和（8,6）的效果是一致的，主要根据显示模型的需要来调整；如果不填，会自动设置。
- Storage：Absolute（绝对路径）、Assets（treamingAssets 路径）、App（应用默认路径）。
- Loader：如图 6-20 所示。

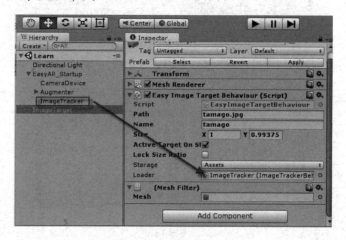

图 6-20

（3）为了方便开发，可以将识别图片重新拖入项目，设为纹理，并拖到"ImageTarget"上，如图 6-21 所示。

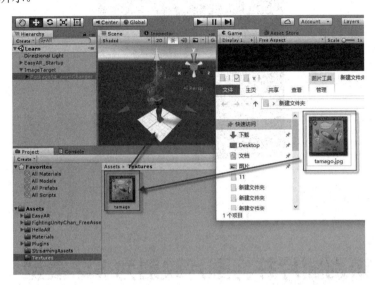

图 6-21

效果如图 6-22 所示。

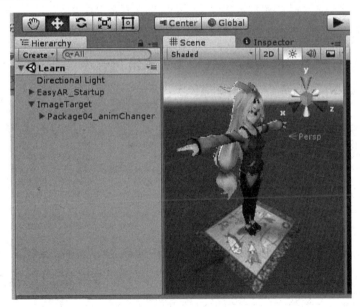

图 6-22

（4）调整模型到适合的大小和角度。

6.4.4 运行测试

运行测试如图 6-23 所示。

图 6-23

6.5 识别图片并将图片映射为 3D 模型纹理（涂涂乐）

6.5.1 准备工作

（1）用 Unity 打开"Coloring3D"工程，如图 6-24 所示。

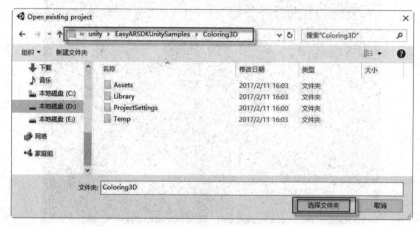

图 6-24

（2）步骤和识别图片显示 3D 模型一样，先完成一个识别图片显示 3D 模型。

6.5.2 设置模型纹理

（1）找到模型的"Mesh Renderer"，有可能会有多个，将"Coloring3DBehaviour"脚本添加到游戏对象上，如图 6-25 所示。

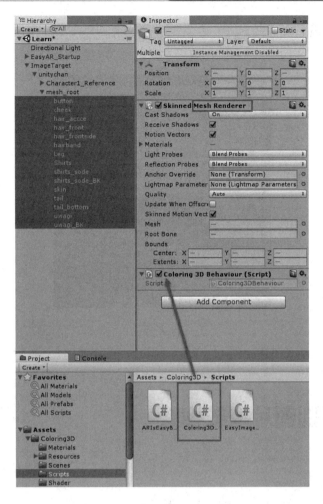

图 6-25

（2）把贴图都换成白色的，如图 6-26 所示。

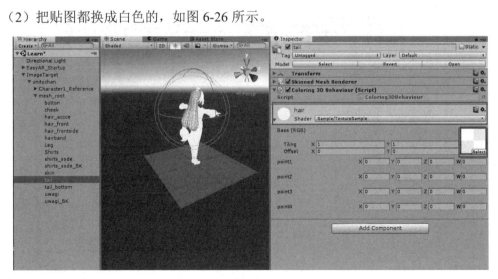

图 6-26

6.5.3 运行测试

如图 6-27 所示，图上的纹理和颜色就会被映射到 3D 模型上。

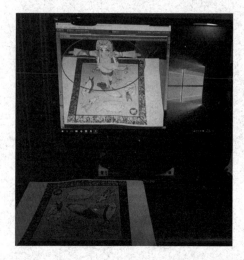

图 6-27

6.6 识别图片播放视频

6.6.1 准备工作

（1）用 Unity 打开"HelloARVideo"工程，如图 6-28 所示。

图 6-28

(2)步骤和识别图片显示 3D 模型一样,先完成一个识别图片显示 3D 模型。

6.6.2 添加用于播放视频的 3D 物体

(1)设置"Image Target",在快捷菜单中选择"3D Object"→"plane",如图 6-29 所示。

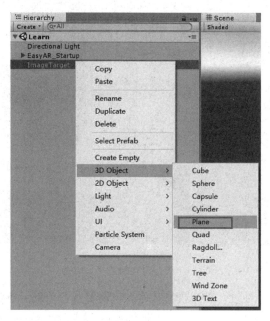

图 6-29

(2)设置"Plane"的大小,使其不超过图片大小,如图 6-30 所示。

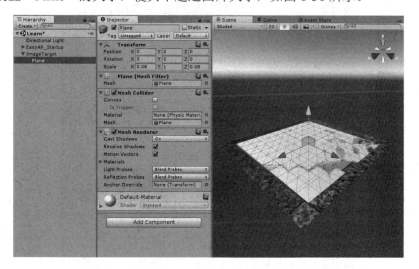

图 6-30

(3)将"VideoPlayerBehaviour"脚本拖入"Plane"中,如图 6-31 所示。

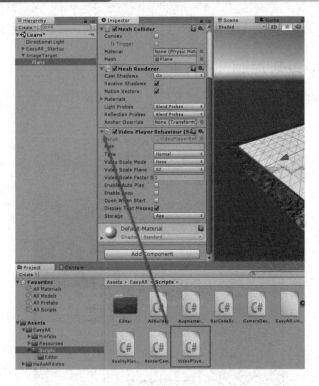

图 6-31

（4）Path 中填入视频地址，如果视频在本地，需要放在"StramingAssets"目录下；如果视频是网络视频，在 Path 中填写 URL 地址，并把 Storage 设置为"Absolute"，如图 6-32 所示。

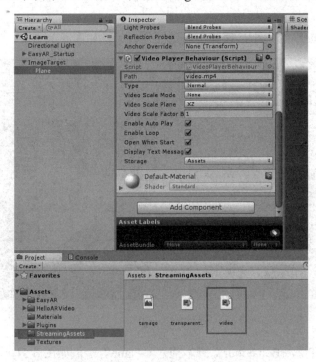

图 6-32

6.6.3 运行测试

播放器只支持在安卓或 IOS 环境下运行，在电脑上测试，会看到提示。如果在控制栏里看到 "Video playback is available only on Android & iOS. Win32 & Mac will be supported in later EasyAR versions." 的提示，说明已经正常了，如图 6-33 所示。

将应用打包发布到手机，运行效果如图 6-34 所示。

图 6-33　　　　　　　　　　　　　　图 6-34

6.7 打包安卓的注意事项

打包安卓应用的时候，除了 ID 要和 Key 的 ID 对应外，"Auto Graphics API" 必须勾去，如图 6-35 所示。

图 6-35

第 7 章

虚拟现实简介

7.1 虚拟现实基本概念

虚拟现实，英文 Virtual Reality，简称 VR，是利用计算机系统生成一个模拟环境，提供使用者关于视觉、听觉、触觉等感官的模拟，让使用者如同身历其境一般，可以及时、没有限制地观察模拟环境内的事物。

全景照片、全景视频和全景漫游是否算 VR？这个还是有一些争论。不过，一般技术人员默认的 VR 不包括上述三种，而是专指由计算机 3D 模型生成虚拟环境的这种情况。

7.2 常见的几种 VR 硬件

1. 眼镜盒

以 google cardboard 为代表，单纯的头戴式的 VR 设备。最常见的是将手机插入眼镜盒，利用手机屏幕播放内容，并提供运算。区别更多的只是盒子是纸做的还是塑料做的，戴着是否舒服。早期的 Oculus 也是这类，虽然是利用计算机运算，但是也只有一个眼镜盒，如图 7-1 所示。

图 7-1

优点是简单、方便、便宜；缺点是手机运算功能有限，操作方式受限。例如，点击按钮的操作，在这类设备里面只能靠瞄准点盯住按钮，计时之后自动点击，如图 7-2 所示。

图 7-2

Google cardboard、三星的 Gear VR（如图 7-3 所示）、早期的暴风魔镜等都属于这类。

图 7-3

2. 加控制器的眼镜盒

这一类可以认为是之前的眼镜盒的升级版。在单纯的头戴式的 VR 设备上添加了简单的控制器。例如有添加手柄的暴风魔镜、有语音控制的富士通 VR 眼镜等，如图 7-4 所示。

图 7-4

比纯粹的眼镜盒，这类设备操作更方便，体验感也更好。国内的很多 VR 眼镜都是这一类的。

3. 带定位的 VR 设备

以 HTC Vive 为代表的，带有位置定位的 VR 设备。这类设备可以准确定位头盔以及手柄的位置方向，并且能够感知使用者的移动，这让使用者的沉浸度更高，能更好地进入到虚拟环境中进行体验，如图 7-5 所示。

图 7-5

优点是体验感非常好，可以有更多的操作和交互的方式。缺点是使用者仍然被局限在一个很小的范围里，设备价格很高。

HTC 的 vive、Sony 的 PS VR、Oculus Rift CV1 都属于这类。

7.3 HTC Vive 介绍

HTC Vive 是由 HTC 与 Valve 联合开发的一款虚拟现实头戴式显示器产品，于 2015 年 3 月发布。由于有 Valve 的 SteamVR 提供的技术支持，因此 HTC Vive 可以通过 Steam 平台下载，是可以在 Vive 上使用的 VR 游戏和应用软件，如图 7-6 所示。

图 7-6

HTC Vive 采用的定位技术是激光扫描定位，有两个传感器。设备安装的时候，要求玩家设置活动空间的大小，最大支持约 3×4 米的空间，同时，设备会要求玩家设置地面位置。当玩家在游戏中要靠近设置空间的时候，会显示边框提醒玩家避免受伤。

HTC Vive 搭载的是 2160×1200 OLED 屏幕，刷新率 90Hz。因此对电脑的配置要求也略高。官方推荐配置是 i5 处理器，4G 以上内存，970 以上显卡。也就是说，要一块￥1500以上的显卡才能带动。

HTC Vive 是基于电脑主机的 VR 设备，所以，在 Unity3D 发布的时候，按照 Windows 程序发布即可。

7.4 HTC Vive 的手柄

目前在 Steam 平台上已经可以体验利用 Vive 功能的虚拟现实游戏。

手柄两个一对，分左右，开发的时候也是分左右的。每个上面有一个 pad 和 4 个按钮，如图 7-7、图 7-8 所示。

- 开关、系统菜单按钮：只有这个按钮不可以编程（默认），用来打开手柄，其实没用关的功能。在游戏中按下该按钮是调出系统默认的菜单，用来关闭，切换游戏用的。
- menu 按钮：默认用来打开游戏菜单。
- grip 按钮：用的最少的按钮，每个手柄上虽然有两个，但是功能相同。
- trigger 按钮：扳机按钮，用得最多，可以有力度。
- pad：触摸屏+鼠标的功能，可触摸，可点击。

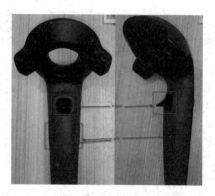

图 7-7　　　　　　　　图 7-8

本章后面两章介绍的两种开发方法各有特点，Input Utility 插件开发简单，但是功能相对单一，没有手柄提示。InteractionSystem 开发略显复杂，但是提供了另外一些有用的功能，大家根据自己的情况选择吧。

7.5 Vive 上的 VR 应用介绍

1. Audioshield

这是一款 VR 音乐游戏，随着音乐节拍，会用红色、蓝色、紫色的球向玩家飞来，玩家需要用手上对应颜色的"盾"把球挡住。它可以当成是打鼓机的 VR 版，还算有趣，如图 7-9 所示。

图 7-9

2. Destinations

这应该算是一个 VR 社交应用，用户可以选择一些虚拟或现实的场景，可以独自在场景里逛荡，也可以把这个场景变成一个聊天室，让好友们用各自的虚拟形象出现在场景中聊天。尽管，作者从来没在场景里见到其他人，如图 7-10、图 7-11 所示。

图 7-10　　　　　　　　　　　图 7-11

3. PaintLab

这是在 VR 中，在三维空间作画（或者雕塑）的应用。玩家用手柄可以在空间中喷出各种颜色、不同粗细的东西。虽然大家看到这个一开始觉得很有趣，但是，很快就发现多数人是没有能力在三维空间制作出一个漂亮的东西的，不管是画还是只写个字，如图 7-12 所示。

图 7-12

4. theBlue

这是一个做得非常逼真的海底体验场景，让玩家有置身海底的感觉。过程中，还可以用手柄触碰周围的一些生物，如海葵，珊瑚鱼等，这些被触碰到的生物也会做出对应的反应。非常真实的体验感，但是不能在水里游来游去很遗憾，如图7-13、图7-14所示。

图 7-13

图 7-14

5. TheLab 中的射箭塔防

这是一个塔防的游戏。游戏开始后，黑色的纸片人会攻打玩家的城门，而玩家在城墙上用弓箭射杀纸片人来保卫城堡。这个游戏虽然简单，但是很受欢迎。在 VR 游戏中，虽然舞刀弄枪很容易，但是对于冷兵器而言，弓箭最安全。在玩家无法看到周围情况的时候，非常投入的游戏者大幅度挥舞手臂实在是一件危险的事情，如图7-15所示。

图 7-15

7.6 基于 Vive 的 VR 开发常见的几个问题

1. 模型比例

在常规的 3D 内容开发中，模型只要是相互之间的比例没问题，大小并不重要。但是在 Vive 的开发中，因为视角高度是和真实世界一致的，模型比例就很重要。

例如之前开发的时候，3D 模型师习惯性地把玩家的视角定到 2 米，为了方便画贴图，将其中一个场景的物体做得很大。在普通屏幕显示的时候并没什么异样，但是戴上 Vive 设备后，立即就感觉到不同了。所有 NPC 都比玩家高很多，需要仰视，而那个物体特别大的场景，进去后就像是到了巨人王国，所有东西都大得出奇，比人还高的小草在风中摇摆。

所以在做 Vive 开发的时候，模型一定要按照真实物体 1:1 的比例制作，除非内容确实是进入巨人国或者小人国。

2. 特效

很多特效，模糊、烟雾等在普通电脑屏幕上看的时候还行，可是在戴上 Vive 设备后，因为沉浸度加强，原本感觉还行的特效就变得很差。在 VR 开发的时候，对特效的要求要高于普通 3D 内容开发。

3. 眩晕感

眩晕感是 VR 开发里面最麻烦的一个问题。

据说问题的产生是这样的，人体也有加速度计和陀螺仪。当在 VR 设备里，玩家快速移动的时候，眼睛发给大脑的信息是玩家自己在快速移动而不是玩家看见屏幕里的虚拟玩家在快速移动，与此同时，身体发给大脑的信息是玩家自己没有运动。当大脑收到两条完全背离的信息的时候，大脑做出的判断是，玩家有病，躺下，于是就产生了眩晕感。

在 Vive 的开发中，小范围的移动是靠玩家自己走动。远距离的位置变化官方推荐的是用传送的方法，以避免产生眩晕。

如果，必须让玩家远距离地移动，一方面是速度尽量放慢，还有就是可以通过缩小视野范围的方法来减少眩晕感。

另外，避免让玩家做低头等容易使传感器丢失的动作，也可以防止因为画面的突然变化产生的眩晕感。

第 8 章 基于 Input Utility 插件的虚拟现实开发

8.1 基于 Input Utility 插件开发

HTC Vive 是由 HTC 与 Valve 联合开发的一款虚拟现实头戴式显示器产品，于 2015 年 3 月在 MWC2015 上发布。由于有 Valve 的 SteamVR 提供的技术支持，因此在 Steam 平台上已经可以体验利用 Vive 功能的虚拟现实游戏。官方提供了一个叫 Input Utility 的插件，用来开发 Vive。

本章节开发使用的环境如下：

- Unity3D 5.4.4
- SteamVR 1.2.0
- ViveInputUtility 1.5.1beta

8.2 SDK 下载

快速开发需要两款插件，分别是 SteamVR Plugin 和 Vive Input Utility，如图 8-1、图 8-2 所示。其中 Vive Input Utility 推出的速度会略慢于 SteamVR Plugin，所以使用的时候需要查看 Readme 文件确定其适用的 SteamVR Plugin 版本。

图 8-1

图 8-2

8.3 按钮开发综述

首先，引用 HTC.UnityPlugin.Vive 类。

每个按钮包括 pad 都有 GetPress、GetPressDown、GetPressUp 三种方法，用 HandRole 枚举来确定左右手柄，用 ControllerButton 枚举来确定是哪个按钮。

对于按钮，GetPressDown 是按下时触发，GetPressUp 是放开时触发，以上两个是事件，GetPress 是按住时一直返回 ture，算是一个状态。

对于 pad，有以下两种：

- 当 ControllerButton.Pad 时，和按钮相同。

- 当 ControllerButton.PadTouch 时，GetPressDown 是接触时触发，GetPressUp 是离开时触发，GetPress 是接触时一直返回的状态。

代码示例：

```csharp
using System.Collections;
using System.Collections.Generic;
using UnityEngine;
using HTC.UnityPlugin.Vive;

public class viveLearn : MonoBehaviour {

    // Update is called once per frame
    void Update () {
        if (ViveInput.GetPress (HandRole.RightHand, ControllerButton.Menu)) {
            Debug.Log ("menu press");
        }

        if (ViveInput.GetPressUp (HandRole.RightHand, ControllerButton.Menu)) {
            Debug.Log ("menu press up");
        }

        if (ViveInput.GetPressDown (HandRole.RightHand, ControllerButton.Menu)) {
            Debug.Log ("menu press down");
        }
    }
}
```

对应按钮动作如图 8-3 所示。

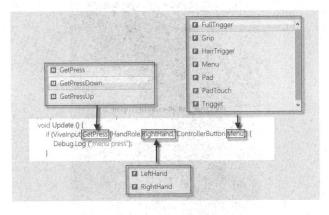

图 8-3

除了上面的方法，还可以通过回调的方式实现。

代码示例：

```csharp
using System.Collections;
using System.Collections.Generic;
```

```
using UnityEngine;
using HTC.UnityPlugin.Vive;

public class viveLearn : MonoBehaviour {

    private void Awake(){
        ViveInput.AddPress (HandRole.LeftHand, ControllerButton.Menu, OnMenuPress);
    }

    private void OnDestory(){
        ViveInput.RemovePress (HandRole.LeftHand, ControllerButton.Menu, OnMenuPress);
    }

    private void OnMenuPress(){
        Debug.Log ("menu press");
    }
}
```

8.4 Trigger 按钮开发

Trigger 有模拟值，从 0 到 1，没按的时候是 0，全部按下是 1。可以通过 GetTriggerValue 方法获得，如图 8-4 所示。

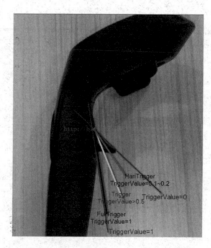

图 8-4

代码示例：

```
ViveInput.GetTriggerValue (HandRole.LeftHand, false);
```

8.5 Pad 按钮开发

pad 做那么大,当然除了可以按,还可以返回位置信息,用 GetPadAxis 方法即可。

代码示例:

```
ViveInput.GetPadAxis (HandRole.LeftHand, false);
```

触碰位置信息如图 8-5 所示。

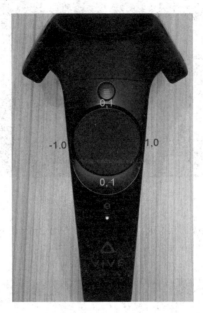

图 8-5

此外,对应 pad,又有接触、按下的两组方法。其中,Axis 是坐标位置,Delta 是最后一帧移动位置,Vector 是移动的向量。

代码示例:

```
ViveInput.GetPadTouchAxis (HandRole.LeftHand, false);
ViveInput.GetPadTouchDelta (HandRole.LeftHand, false);
ViveInput.GetPadTouchVector (HandRole.LeftHand, false);

ViveInput.GetPadPressAxis (HandRole.LeftHand, false);
ViveInput.GetPadPressDelta (HandRole.LeftHand, false);
ViveInput.GetPadPressVector (HandRole.LeftHand, false);
```

8.6 操作 GUI

（1）导入 SDK：SteamVR Plugin 和 Vive Input Utility。

（2）删除场景中的默认摄像机，并新建一个空的游戏对象（为了结构清晰），如图 8-6 所示。

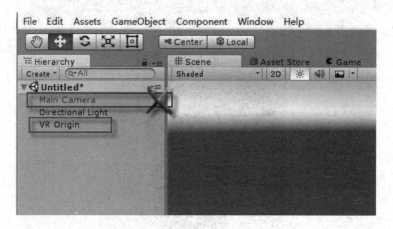

图 8-6

（3）将"SteamVR/Perfabs"目录下的预制件"[CameraRig]"拖入新建的游戏对象中。这是官方提供的摄像机、手柄等的预制件，如图 8-7 所示。

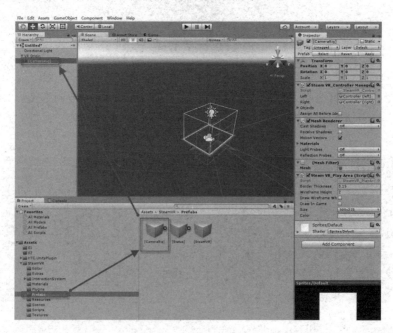

图 8-7

（4）将"HTC.UnityPlugin/ViveInputUtility/Perfabs"目录下的预制件"VivePointers"拖

入新建的游戏对象中，这是实现射线的预制件，如图 8-8 所示。

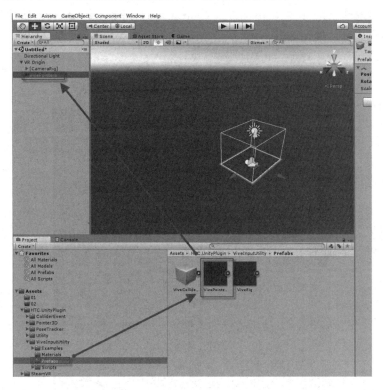

图 8-8

（5）新建一个 Unity GUI，如图 8-9 所示。

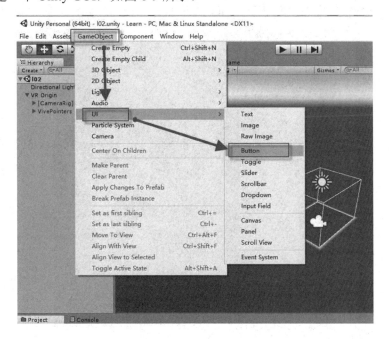

图 8-9

（6）删除"EventSystem"游戏对象和"Canvas"游戏对象中的"Canvas Scaler"和"Graphic Raycaster"脚本组件，并且把"Canvas"的"Render Mode"属性设置为"World Space"（世界模式），如图8-10所示。

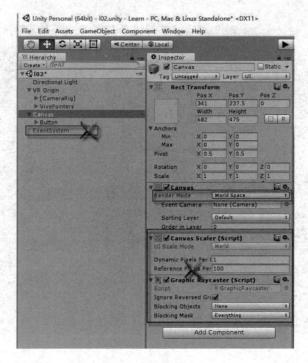

图 8-10

（7）为"Canvas"游戏对象添加"Canvas Raycast Target"组件，如图8-11所示。

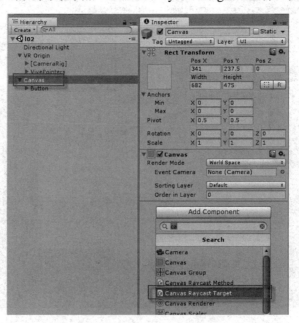

图 8-11

（8）设置"Canvas"的大小和位置，如图 8-12 所示。

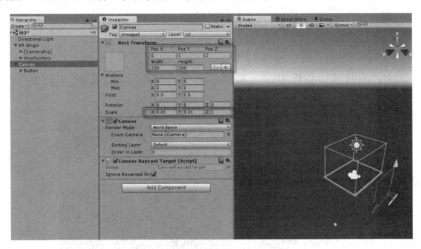

图 8-12

（9）设置 UI 的大小和位置，如图 8-13 所示。

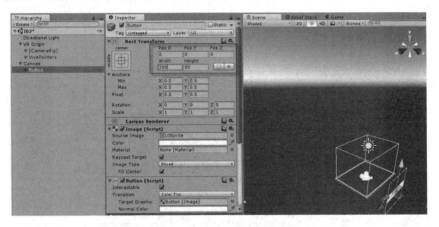

图 8-13

运行，这时手柄会发出射线，射线可以指到 Unity GUI 上，按 Trigger 按钮就会和用鼠标点击 UI 获得相同的操作结果，如图 8-14 所示。

图 8-14

8.7 拖动远处的 3D 物体

（1）导入 SDK：SteamVR Plugin 和 Vive Input Utility。
（2）删除场景中的默认摄像机，并新建一个空的游戏对象，如图 8-15 所示。

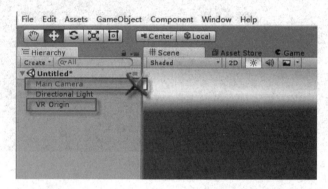

图 8-15

（3）将"SteamVR/Perfabs"目录下的预制件"[CameraRig]"拖入新建的游戏对象中，如图 8-16 所示。

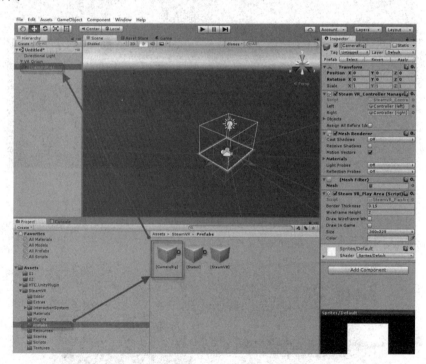

图 8-16

（4）将"HTC.UnityPlugin/ViveInputUtility/Perfabs"目录下的预制件"VivePointers"拖入新建的游戏对象中，如图 8-17 所示。

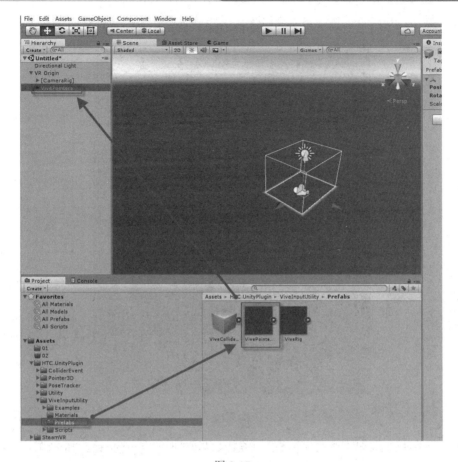

图 8-17

（5）在场景中添加一个 3D 物体，如图 8-18 所示。

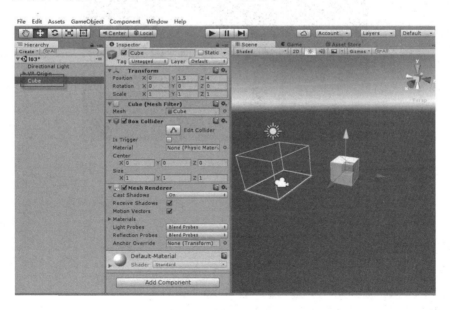

图 8-18

（6）为 3D 物体添加上刚体组件和"Draggable"脚本组件，如图 8-19 所示。

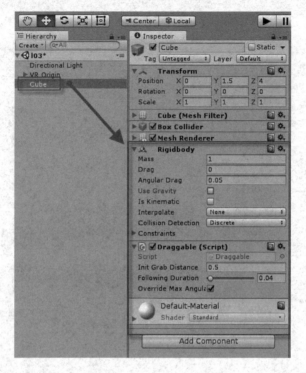

图 8-19

运行，当手柄的射线射到 3D 物体的时候，可以按下 Trigger 按钮，抓住 3D 物体并且拖动，如图 8-20 所示。

图 8-20

8.8 传送

（1）导入 SDK：SteamVR Plugin 和 Vive Input Utility。
（2）删除场景中的默认摄像机，并新建一个空的游戏对象，如图 8-21 所示。

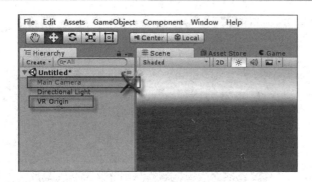

图 8-21

（3）将"SteamVR/Perfabs"目录下的预制件"[CameraRig]"拖入新建的游戏对象中，如图 8-22 所示。

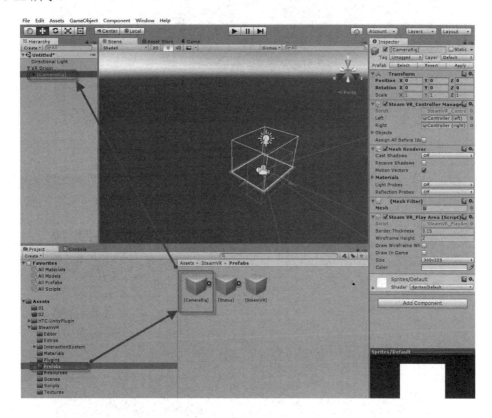

图 8-22

（4）将"HTC.UnityPlugin/ViveInputUtility/Perfabs"目录下的预制件"VivePointers"拖入新建的游戏对象中，如图 8-23 所示。

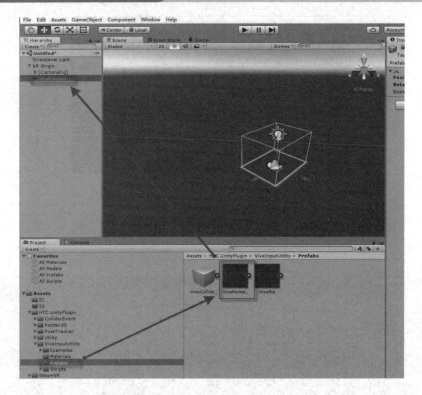

图 8-23

（5）添加一个空的游戏对象，作为所有可以传送到的地方的游戏对象的父级，如图 8-24 所示。

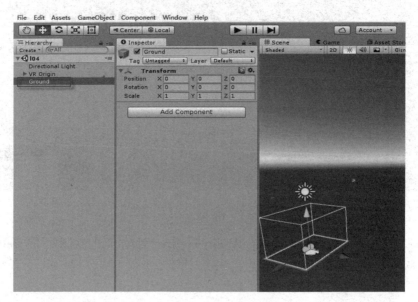

图 8-24

在其下添加地面和一个方块，当作台阶，如图 8-25 所示。

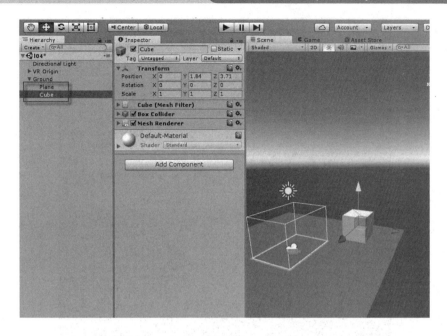

图 8-25

(6) 添加一个不可传送到的地方,图中为黄色方块,如图 8-26 所示。

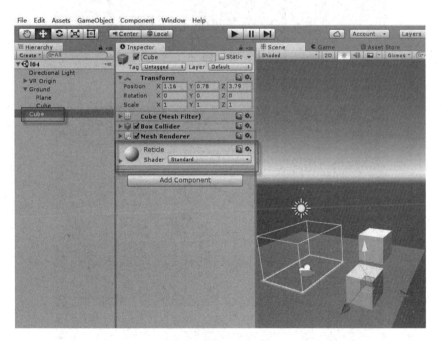

图 8-26

(7) 在可以传送到的地方的父级上,添加"Teleportable"脚本组件,如图 8-27 所示。

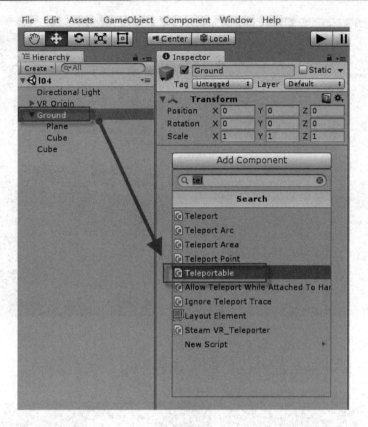

图 8-27

（8）设置"Teleportable"属性，如图 8-28 所示。

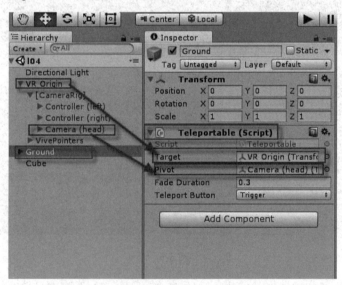

图 8-28

这时，点击运行即可传送，只是射线是直线，如图 8-29 所示。

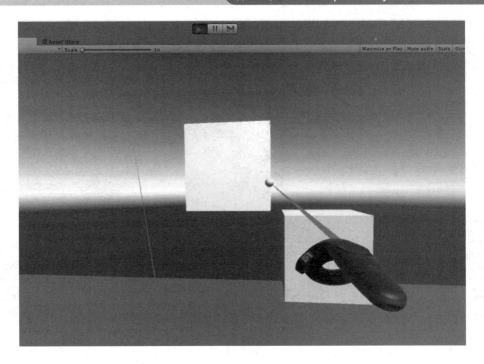

图 8-29

（9）在"VivePointers/Right/PoseTracker/EventRaycaster"游戏对象中添加"Projectile Generator"脚本组件，这样右手手柄的射线就变成曲线了。左手手柄也用相同方法设置，如图 8-30 所示。

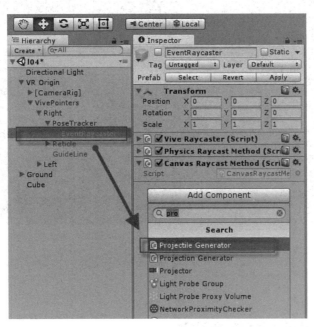

图 8-30

这时显示效果如图 8-31 所示。

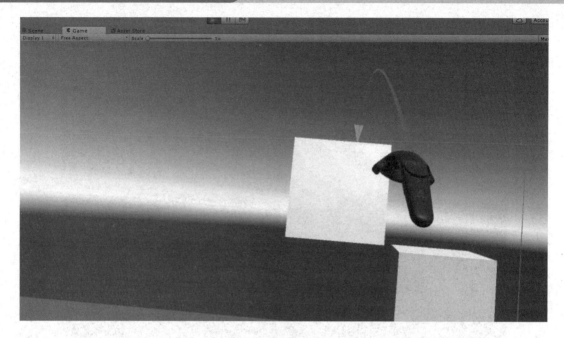

图 8-31

修改"Projectile Generator"脚本组件的"Velocity"属性值可以调节曲线的弧度大小,如图 8-32 所示。

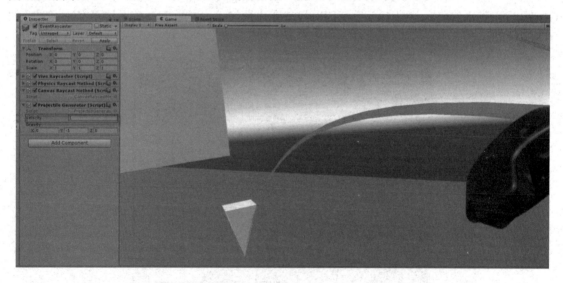

图 8-32

8.9 物体拾取和触碰

(1)导入 SDK:SteamVR Plugin 和 Vive Input Utility。

(2)删除场景中的默认摄像机,并新建一个空的游戏对象,如图 8-33 所示。

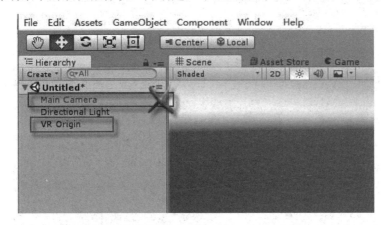

图 8-33

(3)将"SteamVR/Perfabs"目录下的预制件"[CameraRig]"拖入新建的游戏对象中,如图 8-34 所示。

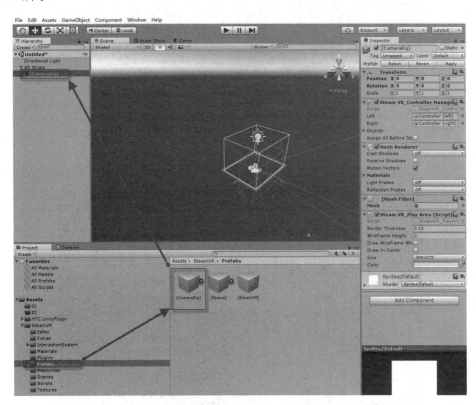

图 8-34

(4)将"HTC.UnityPlugin/ViveInputUtility/Perfabs"目录下的预制件"ViveColliders"拖入新建的游戏对象中,这是实现触碰的预制件,如图 8-35 所示。

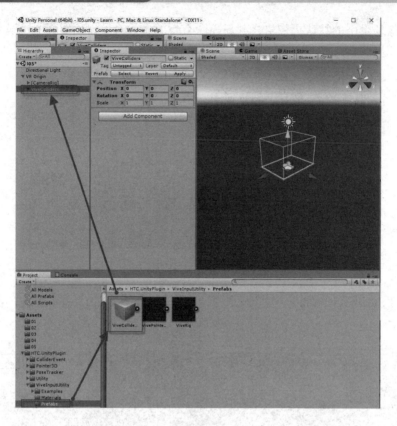

图 8-35

（5）添加一个方块作为可拾取物体，为其添加刚体组件和"Basic Grabbable"脚本组件，如图 8-36 所示。

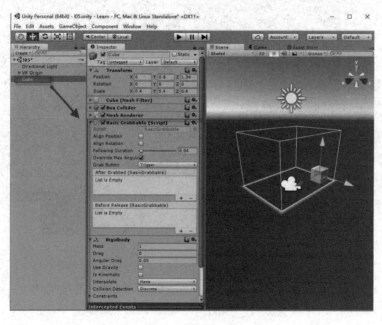

图 8-36

运行，此时方块就可以被拾取，默认是用 Trigger 按钮，如图 8-37 所示。

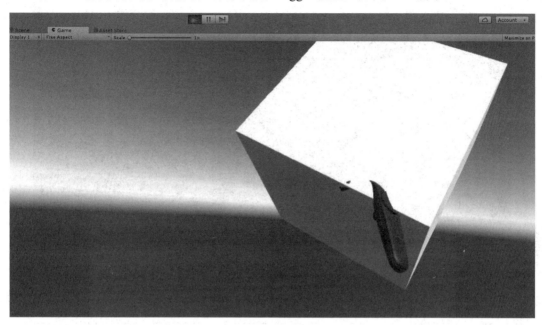

图 8-37

（6）可以继续为物体添加"Materail Change"脚本组件，如图 8-38 所示。

（7）设置组件的值为不同的材质贴图，如图 8-39 所示。

- Normal：默认贴图。
- Heightlight：触碰后的贴图。
- Pressed：按下按钮时的贴图。
- Dragged：拖动物体时的贴图。
- Heighlight Button：指定按钮，默认是 Trigger。

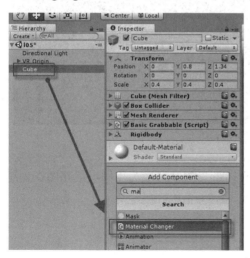

图 8-38

图 8-39

这样，当触碰、拾取和拖动的时候，物体会显示不同的颜色，如图 8-40 所示。

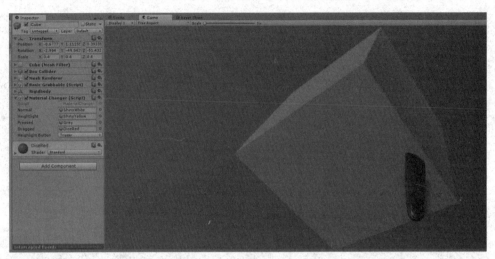

图 8-40

（8）再添加一个物体作为触屏对象，如图 8-41 所示。

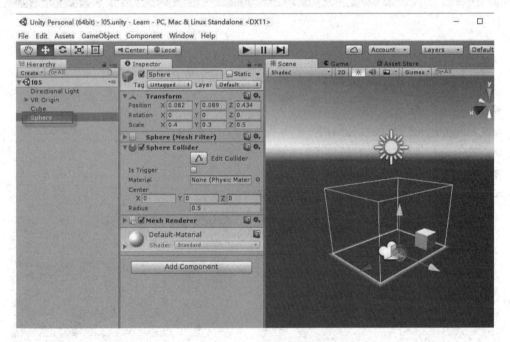

图 8-41

（9）为其添加"Materail Change"脚本组件，并设置其参数为不同材质贴图，如图 8-42 所示。

第 8 章　基于 Input Utility 插件的虚拟现实开发

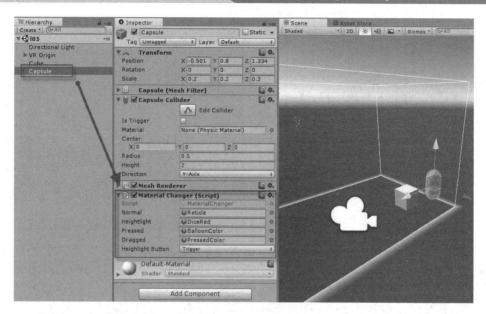

图 8-42

运行时，该物体可以被触碰，但是无法拾取和拖动，如图 8-43 所示。

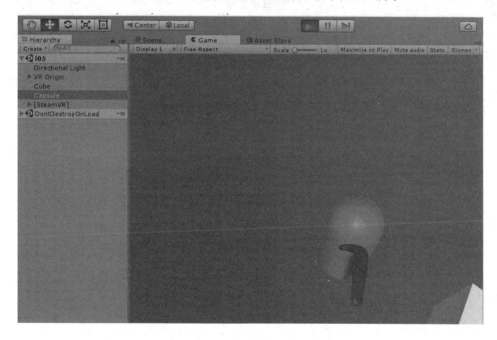

图 8-43

（10）vive 支持以下事件：

```
IColliderEventHoverEnterHandler
IColliderEventHoverExitHandler
IColliderEventPressDownHandler
```

163

```
IColliderEventPressUpHandler
IColliderEventPressEnterHandler
IColliderEventPressExitHandler
IColliderEventClickHandler
IColliderEventDragStartHandler
IColliderEventDragUpdateHandler
IColliderEventDragEndHandler
IColliderEventDropHandler
IColliderEventAxisChangedHandler
```

使用方法，新建脚本如下，并把脚本添加到游戏对象中即可。

```
using System.Collections;
using System.Collections.Generic;
using UnityEngine;
using HTC.UnityPlugin.ColliderEvent;

public class viveLearn : MonoBehaviour,IColliderEventHoverEnterHandler {

    public void OnColliderEventHoverEnter(ColliderHoverEventData eventData){
        Debug.Log ("hover");
    }
}
```

第 9 章 基于InteractionSystem的虚拟现实开发

9.1 InteractionSystem 插件及 SDK 下载

官方的 SDK 中还带了一个插件——InteractionSystem，也可以用来开发 Vive。其内容都在 SDK 的"InteractionSystem"目录下。

本章节开发使用的环境如下：

- Unity3D 5.4.4
- SteamVR 1.2.0

开发的时候只需要下载 SteamVR Plugin 即可，如图 9-1 所示。

图 9-1

9.2 按钮控制

引用"using Valve.VR"和"using Valve.VR.InteractionSystem"。

通过"player = Valve.VR.InteractionSystem.Player.instance;"获取到控件。

通过"player.leftController"就可以获得手柄按钮,如图 9-2 所示。

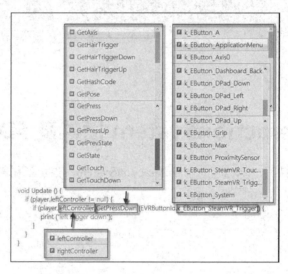

图 9-2

(1)新建场景,删除默认摄像机,如图 9-3 所示。

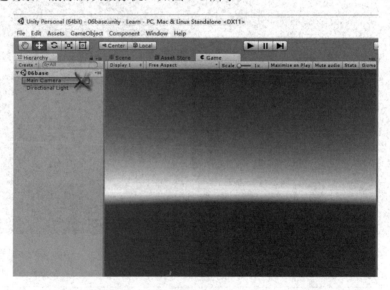

图 9-3

(2)将"SteamVR/InteractionSystem/Core/Perfabs"目录下的"Player"预制件拖入场景,如图 9-4 所示。

第 9 章 基于 InteractionSystem 的虚拟现实开发

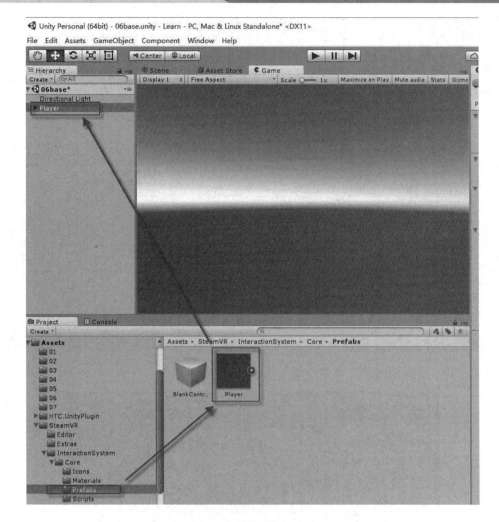

图 9-4

（3）新建脚本。

```
using UnityEngine;
using System.Collections;
using Valve.VR;
using Valve.VR.InteractionSystem;

public class BtnEventShow : MonoBehaviour {
    private Player player;

    void Start () {
        player = Valve.VR.InteractionSystem.Player.instance;
    }
```

```
    void Update () {
        if (player.leftController != null) {
            if (player.leftController.GetPressDown
(EVRButtonId.k_EButton_SteamVR_Trigger)) {
                print ("left trigger down");
            }
        }

        if (player.rightController != null) {
            if (player.rightController.GetPressDown
(EVRButtonId.k_EButton_SteamVR_Touchpad)) {
                print ("right trigger down");
            }
        }
    }
}
```

（4）新建一个游戏对象，把脚本拖入其中，如图 9-5 所示。

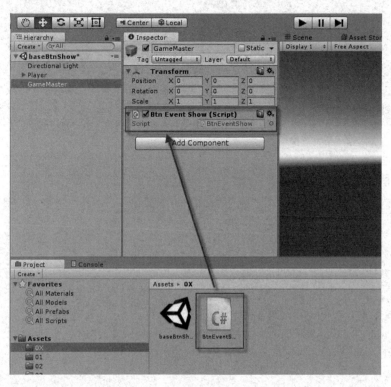

图 9-5

运行结果如图 9-6 所示。

第 9 章 基于 InteractionSystem 的虚拟现实开发

图 9-6

9.3 基础碰触

（1）新建场景，删除默认摄像机，如图 9-7 所示。

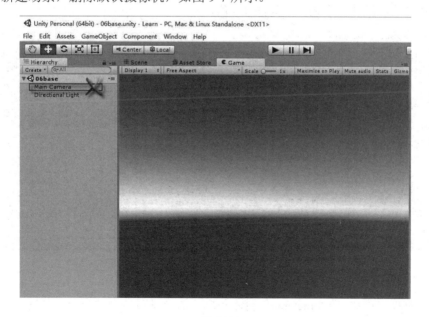

图 9-7

（2）将"SteamVR/InteractionSystem/Core/Perfabs"目录下的"Player"预制件拖入场景，如图9-8所示。

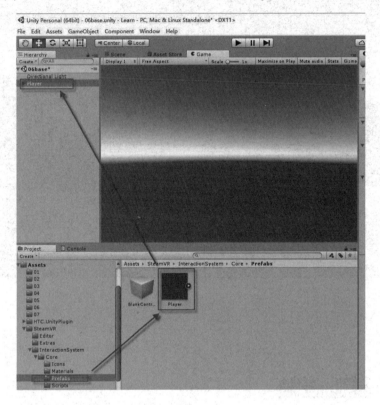

图9-8

（3）在场景中添加一个物体，如图9-9所示。

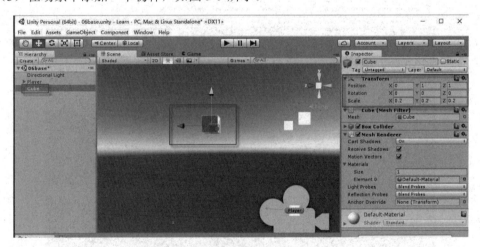

图9-9

（4）在物体上添加"Interactable"脚本组件，这个是最核心的内容，如图9-10所示。

这时候，就可以用手柄触碰物体了，如图9-11所示。

第 9 章 基于 InteractionSystem 的虚拟现实开发

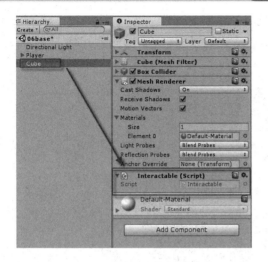

图 9-10

图 9-11

官方提供了"Interactable Button Events"脚本组件来处理碰触后的按钮操作，如图 9-12 所示。

官方还提供了"Interactable Hover Events"脚本组件来处理碰触事件操作，如图 9-13 所示。

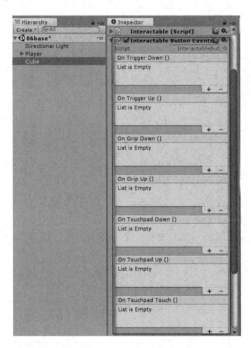

图 9-12　　　　　　　　　　　　　图 9-13

（5）也可以通过脚本来控制。

```
using UnityEngine;
using System.Collections;
using Valve.VR.InteractionSystem;
```

```csharp
[RequireComponent( typeof( Interactable ) )]
public class InteractableShow : MonoBehaviour {

    //-------------------------------------------------
    // Called when a Hand starts hovering over this object
    //-------------------------------------------------
    private void OnHandHoverBegin( Hand hand )
    {
        print( "Hovering hand: " + hand.name);
    }


    //-------------------------------------------------
    // Called when a Hand stops hovering over this object
    //-------------------------------------------------
    private void OnHandHoverEnd( Hand hand )
    {
        print( "No Hand Hovering");
    }


    //-------------------------------------------------
    // Called every Update() while a Hand is hovering over this object
    //-------------------------------------------------
    private void HandHoverUpdate( Hand hand )
    {
        print( "every Update()");
    }


    //-------------------------------------------------
    // Called when this GameObject becomes attached to the hand
    //-------------------------------------------------
    private void OnAttachedToHand( Hand hand )
    {
        print( "Attached to hand: " + hand.name+"-time:"+Time.time.ToString());

    }


    //-------------------------------------------------
    // Called when this GameObject is detached from the hand
    //-------------------------------------------------
    private void OnDetachedFromHand( Hand hand )
    {
        print( "Detached from hand: " + hand.name);
    }
```

```csharp
    //-------------------------------------------------
    // Called every Update() while this GameObject is attached to the hand
    //-------------------------------------------------
    private void HandAttachedUpdate( Hand hand )
    {
        print( "Attached to hand: " + hand.name + "\nAttached time: " + "-time:"+Time.time.ToString());
    }


    //-------------------------------------------------
    // Called when this attached GameObject becomes the primary attached object
    //-------------------------------------------------
    private void OnHandFocusAcquired( Hand hand )
    {
    }


    //-------------------------------------------------
    // Called when another attached GameObject becomes the primary attached object
    //-------------------------------------------------
    private void OnHandFocusLost( Hand hand )
    {
    }
}
```

将脚本添加到碰触物体，运行即可，如图 9-14 所示。

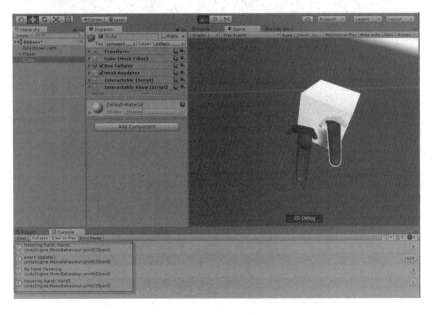

图 9-14

9.4 物体拾取

（1）新建场景，删除默认摄像机，如图 9-15 所示。

图 9-15

（2）将"SteamVR/InteractionSystem/Core/Perfabs"目录下的"Player"预制件拖入场景，如图 9-16 所示。

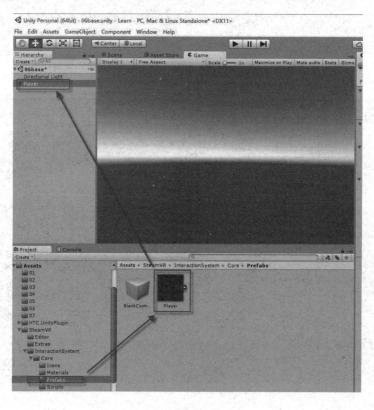

图 9-16

(3)在场景中添加一个物体,图中为小的方块,为了防止落入虚空,下面加了个台子,如图 9-17 所示。

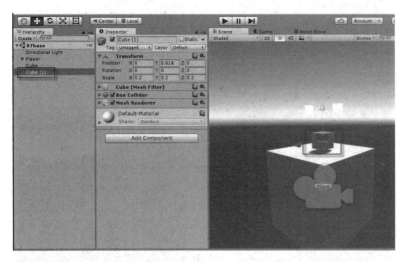

图 9-17

(4)在物体上添加"Throwable"脚本组件,如图 9-18 所示。

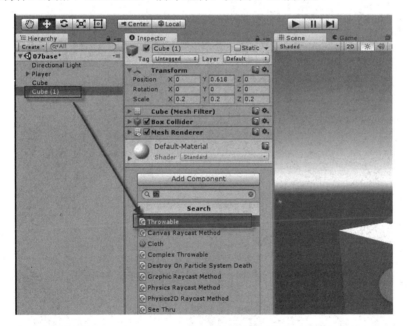

图 9-18

Unity3D 会自动添加其他需要的组件,包括刚体组件,"Throwable"脚本组件,"Velocity Estimator"脚本组件,如图 9-19 所示。

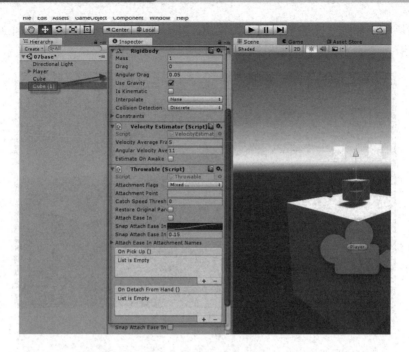

图 9-19

运行,当手柄触碰到物体,手柄会有提示,如图 9-20 所示。

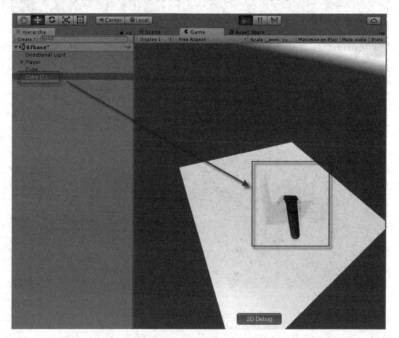

图 9-20

点击 Trigger 按钮,可以将物体拾取,同时手柄模型隐藏,如图 9-21 所示。

第 9 章 基于 InteractionSystem 的虚拟现实开发

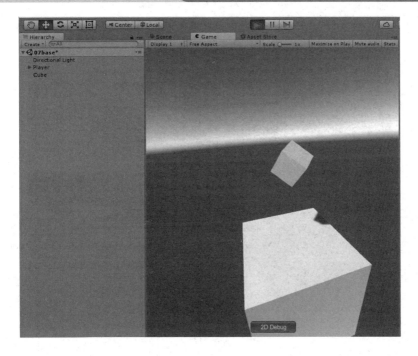

图 9-21

（5）继续为物体添加"Interactable Hover Events"脚本组件，如图 9-22 所示。

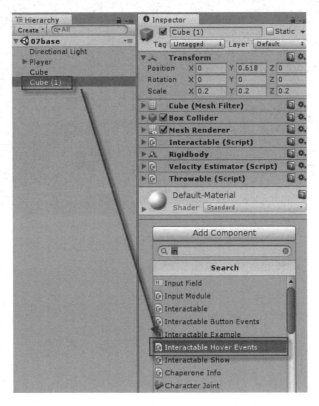

图 9-22

添加事件响应，添加物体本身，响应的方法是"Material material"，如图 9-23 所示。

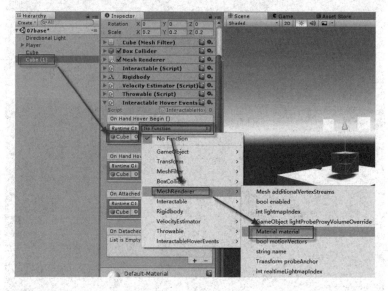

图 9-23

不同的事件选择不同的纹理贴图，如图 9-24 所示。

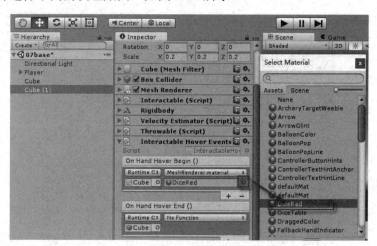

图 9-24

运行，这时拾取的时候是绿色，如图 9-25 所示。

图 9-25

碰触的时候是红色，如图 9-26 所示。

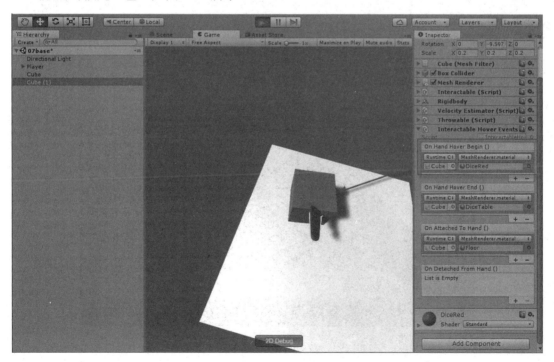

图 9-26

手柄离开后是紫色，如图 9-27 所示。

图 9-27

9.5 传送

(1) 新建场景,删除默认摄像机,如图 9-28 所示。

图 9-28

(2) 将"SteamVR/InteractionSystem/Core/Perfabs"目录下的"Player"预制件拖入场景,如图 9-29 所示。

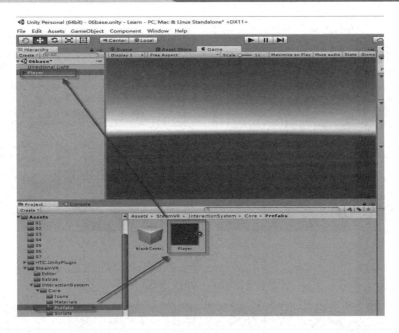

图 9-29

（3）将"SteamVR/InteractionSystem/Teleport/Perfabs"目录下的"Teleporting"预制件拖入场景，如图 9-30 所示。

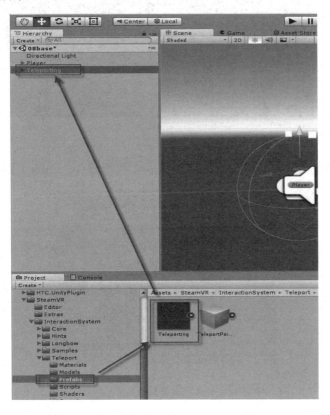

图 9-30

（4）新建一个地面，如图 9-31 所示。

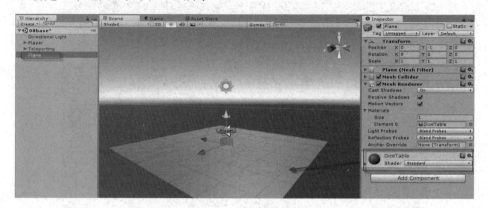

图 9-31

（5）在地面上再建一个，这个会被隐藏，如图 9-32 所示。

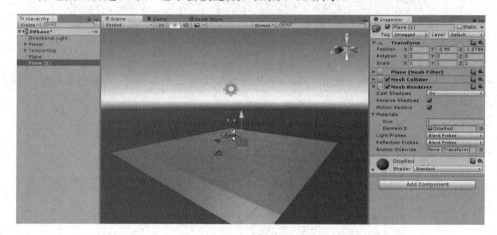

图 9-32

（6）在要被隐藏的对象上添加"Teleport Area"脚本组件，如图 9-33 所示。

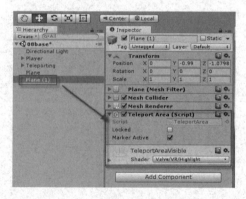

图 9-33

运行，按 pad 按钮，会显示可传输的范围，传送到的目标，如图 9-34 所示。

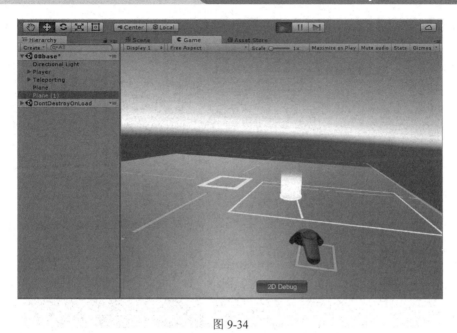

图 9-34

(7)这里还提供了传送点。将"SteamVR/InteractionSystem/Teleport/Perfabs"目录下的"TeleportPoint"预制件拖入场景,并设置位置,如图 9-35 所示。

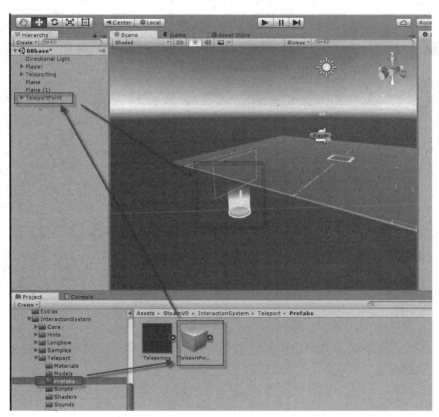

图 9-35

（8）传送点提供了提示和禁用功能，选择"Locked"属性即可，如图 9-36 所示。

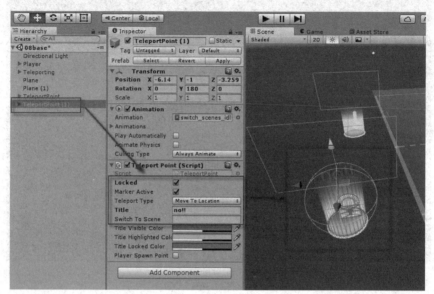

图 9-36

传送区域也提供了禁用功能，如图 9-37 所示。

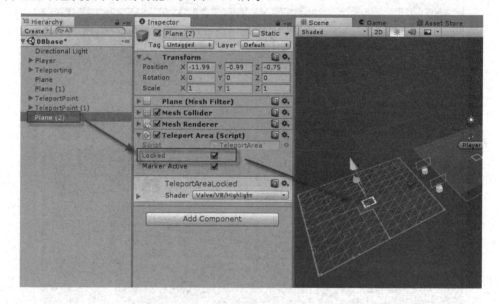

图 9-37

这时候运行，按 pad 按钮，会提示传送点，并且禁用的传送区域和可传送的区域颜色不同，如图 9-38 所示。

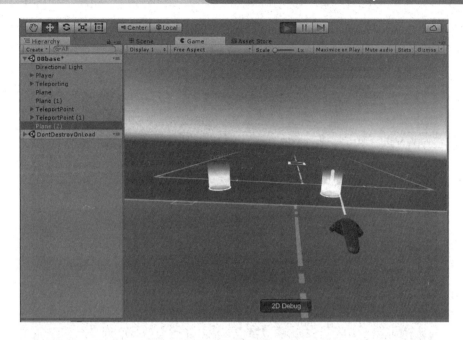

图 9-38

9.6 操作 UI

(1) 新建场景,删除默认摄像机,如图 9-39 所示。

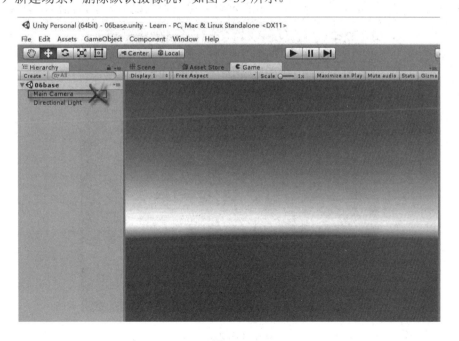

图 9-39

（2）将"SteamVR/InteractionSystem/Core/Perfabs"目录下的"Player"预制件拖入场景，如图 9-40 所示。

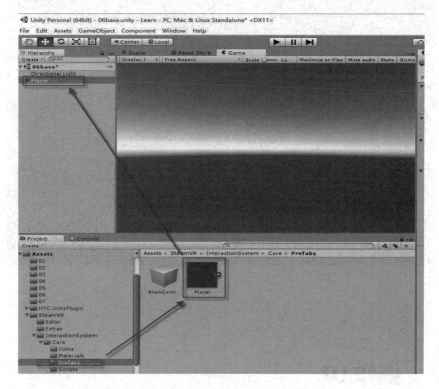

图 9-40

（3）添加一个"Canvas"，设置为世界定位，并设置位置和大小，如图 9-41 所示。

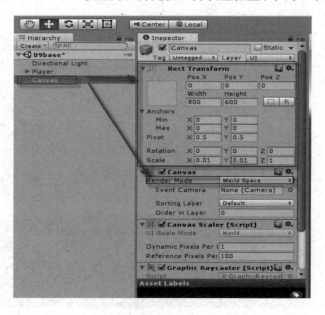

图 9-41

（4）添加一个 UI，并且在 UI 上添加"Interactable"脚本组件和"UI Element"脚本组件，如图 9-42 所示。

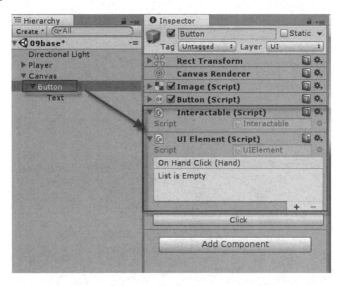

图 9-42

（5）在 UI 下添加一个物体，去掉"Mesh Renderer"属性并调整大小。这里只需要用该物体的"Collider"组件来实现碰触。图中框线就是碰触范围，如图 9-43 所示。

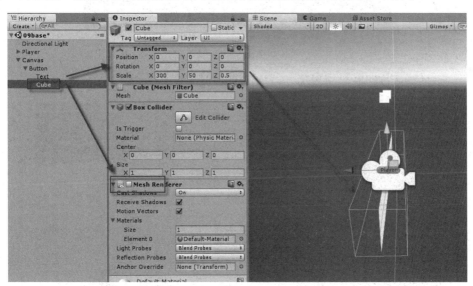

图 9-43

（6）在"UI Element"组件中添加响应事件，如图 9-44 所示。

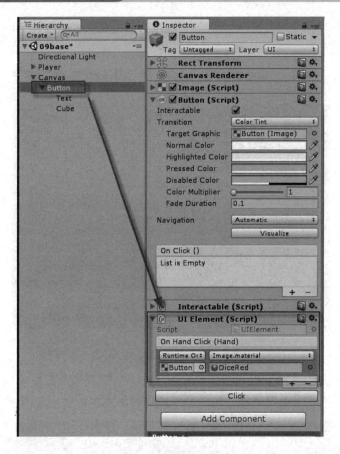

图 9-44

运行，手柄接近按钮时候出现提示，如图 9-45 所示。

图 9-45

按 Trigger 按钮,方法响应,如图 9-46 所示。

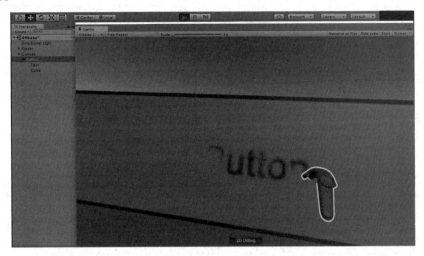

图 9-46

9.7 道具拾取

官方还提供了一个有趣的例子,可以在游戏中拿取武器等功能。

(1)新建场景,删除默认摄像机,如图 9-47 所示。

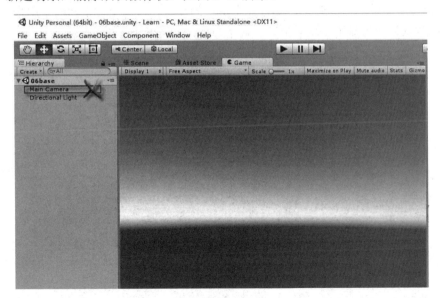

图 9-47

(2)将"SteamVR/InteractionSystem/Core/Perfabs"目录下的"Player"预制件拖入场景,如图 9-48 所示。

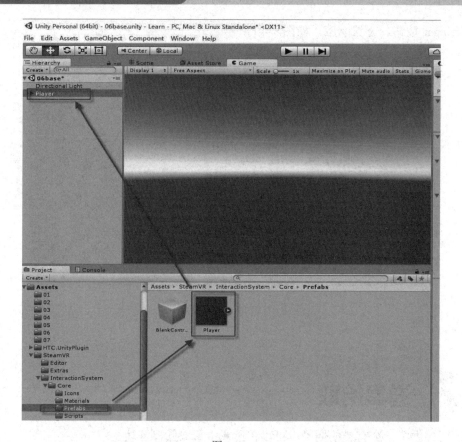

图 9-48

（3）添加一个放道具的台子，制作 4 个道具的预制件，两个锤子和两个用来在台子上显示的物体：默认显示为棒子，道具拾取后显示为球，如图 9-49 所示。

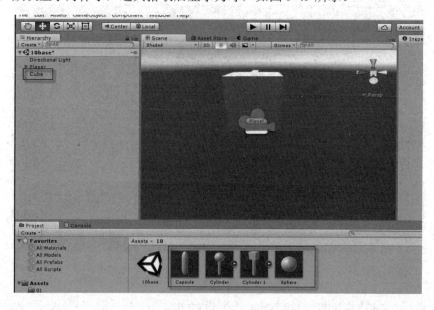

图 9-49

（4）台子上添加一个物体，去掉"Mesh Renderer"属性并调整大小。这里只需要用该物体的"Collider"组件来实现碰触，如图 9-50 所示线框就是碰触范围。

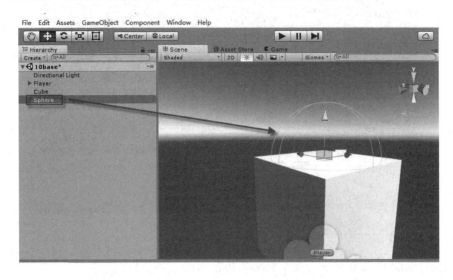

图 9-50

（5）将默认显示的物体预制件拖入碰撞体内，这里是棒子，如图 9-51 所示。

图 9-51

（6）新建一个空的对象，如图 9-52 所示。

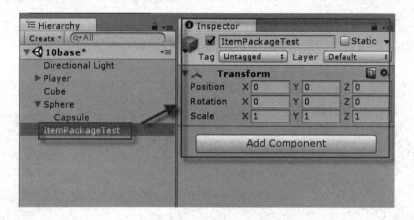

图 9-52

（7）在空的对象中添加"Item Package"脚本组件并设置，如图 9-53 所示。对象名称和脚本属性中的"Name"必须一致。

- Item Perfab：拾取后手上显示的物体的预制件。
- Other Hand Item Perfab：拾取后另外一只手上显示的物体的预制件。
- Preview Perfab：拾取前，台子上显示的物体的预制件。
- Faded Preview Perfab：拾取后，台子上显示的物体的预制件。
- Package Type：拾取方式，有单手、双手、无限制 3 种。

图 9-53

（8）将添加并设置好的"Item Package"脚本组件拖成预制件，如图9-54所示。

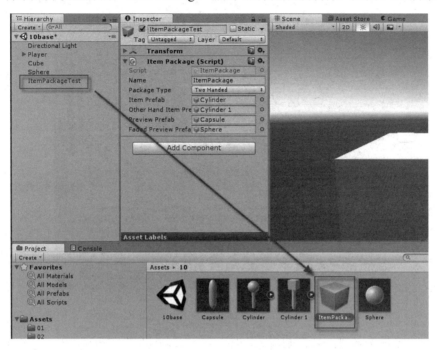

图 9-54

（9）在触碰体上添加"Item Package Spawner"脚本组件，如图9-55所示。

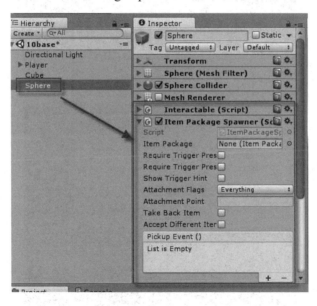

图 9-55

（10）设置"Item Package Spawner"脚本组件，将之前拖成预制件的"Item Package"脚本组件预制件设为"Item Package"的值，如图9-56所示。

选中按 Trigger 键拾取，显示提示，归还。

图 9-56

（11）在道具上添加 4 个脚本组件："Interactable""Item Package Reference" "Destroy On Detached From Hand""Hide On Hand Focus Lost"，如图 9-57 所示。

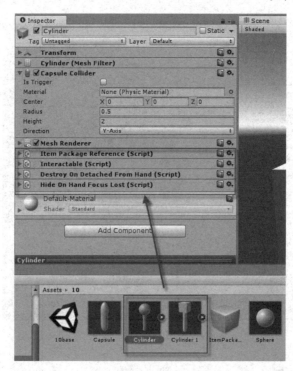

图 9-57

运行，默认显示棒子，当手柄接近时，会有按钮提示，如图 9-58 所示。

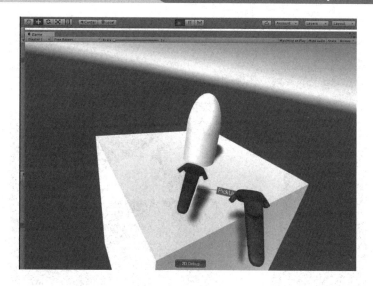

图 9-58

按 Trigger 键后,手柄消失,以道具代替。台子上的棒子变成球,如图 9-59 所示。

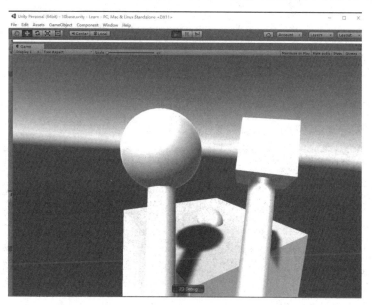

图 9-59

当手柄再次进入碰触区域后,道具消失,回到上一个状态,如图 9-60 所示。

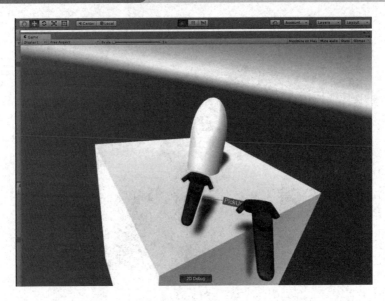

图 9-60

9.8 按钮提示显示

(1) 新建场景,删除默认摄像机,如图 9-61 所示。

图 9-61

(2) 将"SteamVR/InteractionSystem/Core/Perfabs"目录下的"Player"预制件拖入场景,如图 9-62 所示。

第 9 章 基于 InteractionSystem 的虚拟现实开发

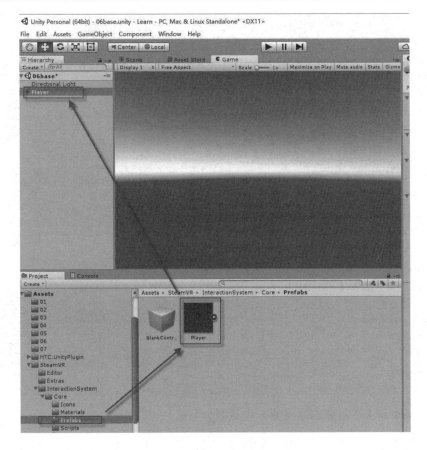

图 9-62

（3）添加脚本。

```
using UnityEngine;
using System.Collections;
using Valve.VR.InteractionSystem;
using Valve.VR;

public class ShowBtn : MonoBehaviour {
    private Player player;
    void Start () {
        player = Valve.VR.InteractionSystem.Player.instance;
        Invoke ("ShowAll", 5f);
    }

    void ShowAll(){
        //震动
        if (player.leftController != null) {
            player.leftController.TriggerHapticPulse (500);
        }
```

```
            ControllerButtonHints.ShowTextHint( player.leftHand,
EVRButtonId.k_EButton_Grip, "grip text" );
            ControllerButtonHints.ShowButtonHint( player.leftHand,
EVRButtonId.k_EButton_Grip );

            ControllerButtonHints.ShowTextHint( player.leftHand,
EVRButtonId.k_EButton_ApplicationMenu, "menu text" );
            ControllerButtonHints.ShowButtonHint( player.leftHand,
EVRButtonId.k_EButton_ApplicationMenu );

            ControllerButtonHints.ShowTextHint( player.leftHand,
EVRButtonId.k_EButton_SteamVR_Trigger, "trigger text" );
            ControllerButtonHints.ShowButtonHint( player.leftHand,
EVRButtonId.k_EButton_SteamVR_Trigger );

            ControllerButtonHints.ShowTextHint( player.leftHand,
EVRButtonId.k_EButton_SteamVR_Touchpad, "pad text" );
            ControllerButtonHints.ShowButtonHint( player.leftHand,
EVRButtonId.k_EButton_SteamVR_Touchpad );
    }

}
```

脚本在 Start 方法中启动的话需要一个延时。

（4）将脚本拖入一个游戏对象，如图 9-63 所示。

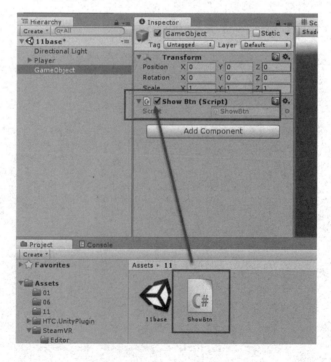

图 9-63

运行，这时候会看见手柄的按键变得醒目，并且有文字提示，如图 9-64 所示。

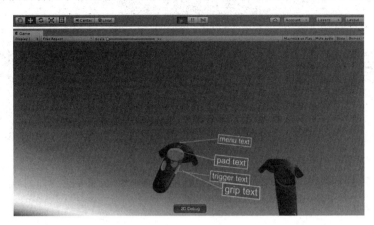

图 9-64

- player.leftController.TriggerHapticPulse：可以让手柄震动。
- ControllerButtonHints.ShowTextHint：可以指定显示按键的提示文字。
- ControllerButtonHints.ShowButtonHint：可以让指定按键变成浅色，作为提示。
- HideTextHint：隐藏指定按键的提示文字。
- HideButtonHint：隐藏指定按键的提示。
- HideAllTextHints：隐藏所有按键的提示文字。
- HideAllButtonHints：隐藏所有按键提示。

第 10 章
高德地图Android定位SDK在Unity下的简单使用

这里主要介绍如何使用高德地图的 Android 定位 SDK 中的功能，而且仅是定位功能，其附带的地图显示、地理围栏等功能无法使用。

10.1 Unity 简单调用 Java 类

Unity 提供了 AndroidJavaClass 和 AndroidJavaObject 方法直接访问 Java 类，对被访问的类有一定的要求。

AndroidJavaClass 只能调用静态方法，获取静态属性。

AndroidJavaObject 能调用公开方法和公开属性。

另外，jar 文件不一定非要放在 plugins/Android 目录下。

具体演示如下。

（1）在 eclipse 里新建一个 Java 工程，并导出成 jar，如图 10-1 所示。

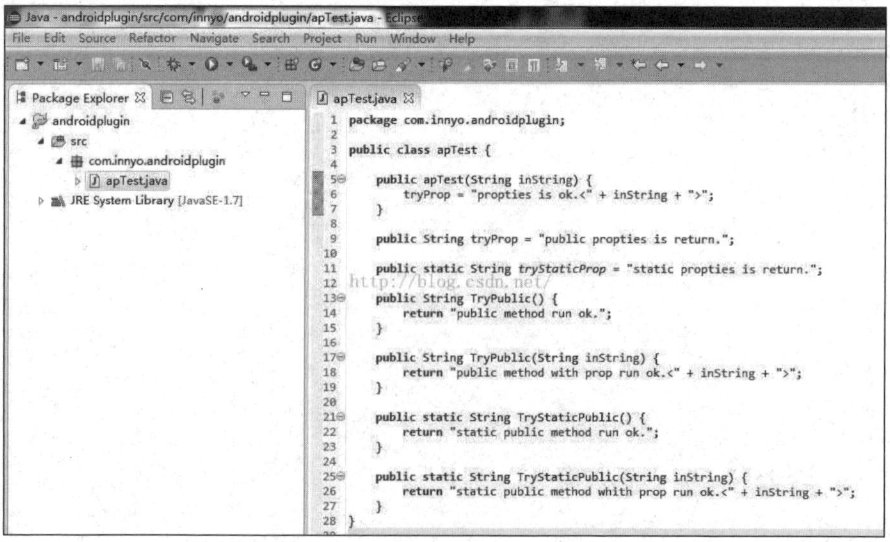

图 10-1

代码:

```java
package com.innyo.androidplugin;

public class apTest {

    public apTest(String inString) {
        tryProp = "propties is ok.<" + inString + ">";
    }

    public String tryProp = "public propties is return.";

    public static String tryStaticProp = "static propties is return.";

    public String TryPublic() {
        return "public method run ok.";
    }

    public String TryPublic(String inString) {
        return "public method with prop run ok.<" + inString + ">";
    }

    public static String TryStaticPublic() {
        return "static public method run ok.";
    }

    public static String TryStaticPublic(String inString) {
        return "static public method whith prop run ok.<" + inString + ">";
    }
}
```

导出为 jar, 如图 10-2、图 10-3 所示。

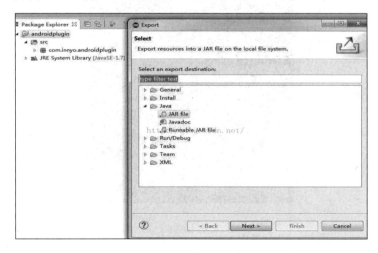

图 10-2

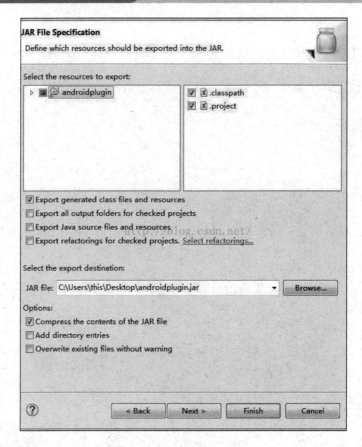

图 10-3

（2）新建 unity3d 工程，导入 jar 文件，如图 10-4 所示。

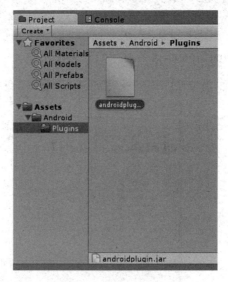

图 10-4

（3）新建一个场景，把内容输出到 text 上显示。

输出代码：

```csharp
using UnityEngine;
using System.Collections;
using System;
using UnityEngine.UI;

public class TryPlugin : MonoBehaviour
{

    public Text t;

    public void ToTry ()
    {
        try {
            t.text = "start android plugins";

            t.text = t.text + "\r\n";
            AndroidJavaClass jc = new AndroidJavaClass
("com.innyo.androidplugin.apTest");
            t.text = t.text + "AndroidJavaClass jc:" + jc.ToString ();

            t.text = t.text + "\r\n";
            t.text = t.text + "tryProp:" + jc.Get<string> ("tryProp");

            t.text = t.text + "\r\n";
            t.text = t.text + "tryStaticProp:" + jc.GetStatic<string>
("tryStaticProp");

            t.text = t.text + "\r\n";
            t.text = t.text + "TryPublic:" + jc.Call<string> ("TryPublic");

            t.text = t.text + "\r\n";
            t.text = t.text + "TryPublic:" + jc.Call<string> ("TryPublic",
"unity3d input");

            t.text = t.text + "\r\n";
            t.text = t.text + "TryStaticPublic:" + jc.CallStatic<string>
("TryStaticPublic");
```

```
            t.text = t.text + "\r\n";
            t.text = t.text + "TryStaticPublic:" + jc.CallStatic<string>
("TryStaticPublic", "unity3d input");

            t.text = t.text + "\r\n";
            t.text = t.text + "------------------------------------------";

            t.text = t.text + "\r\n";
            AndroidJavaObject jo = new
AndroidJavaObject("com.innyo.androidplugin.apTest","unity3d jo build");
            t.text = t.text + "AndroidJavaObject jo:" + jo.ToString ();

            t.text = t.text + "\r\n";
            t.text = t.text + "tryProp:" + jo.Get<string> ("tryProp");

            t.text = t.text + "\r\n";
            t.text = t.text + "tryStaticProp:" + jo.GetStatic<string>
("tryStaticProp");

            t.text = t.text + "\r\n";
            t.text = t.text + "TryPublic:" + jo.Call<string> ("TryPublic");

            t.text = t.text + "\r\n";
            t.text = t.text + "TryPublic:" + jo.Call<string> ("TryPublic",
"unity3d input");

            t.text = t.text + "\r\n";
            t.text = t.text + "TryStaticPublic:" + jo.CallStatic<string>
("TryStaticPublic");

            t.text = t.text + "\r\n";
            t.text = t.text + "TryStaticPublic:" + jo.CallStatic<string>
("TryStaticPublic", "unity3d input");

        } catch (Exception ex) {
            t.text = t.text + "\r\n";
            t.text = t.text + ex.Message;
        }
```

```
    }
}
```

（4）编译成安卓程序，然后运行，点击按钮，可以看到以下结果，如图 10-5 所示。

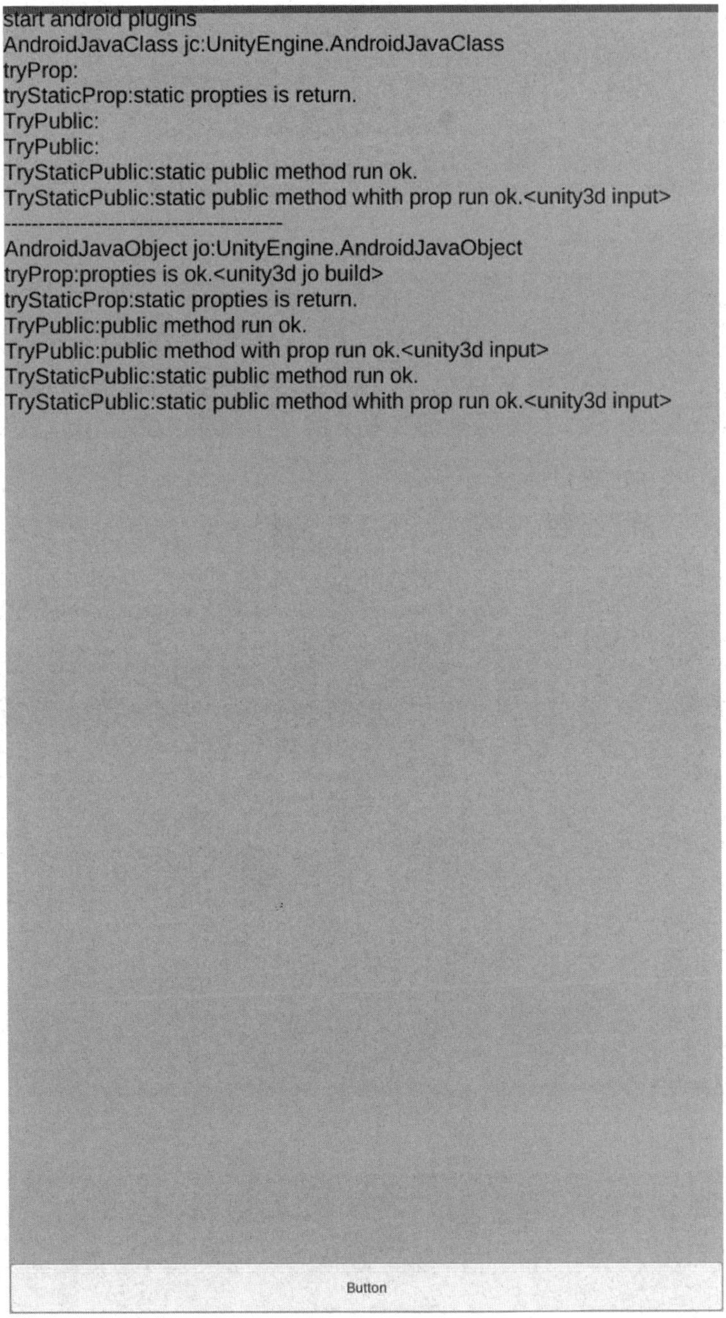

```
start android plugins
AndroidJavaClass jc:UnityEngine.AndroidJavaClass
tryProp:
tryStaticProp:static propties is return.
TryPublic:
TryPublic:
TryStaticPublic:static public method run ok.
TryStaticPublic:static public method whith prop run ok.<unity3d input>
-----------------------------------------
AndroidJavaObject jo:UnityEngine.AndroidJavaObject
tryProp:propties is ok.<unity3d jo build>
tryStaticProp:static propties is return.
TryPublic:public method run ok.
TryPublic:public method with prop run ok.<unity3d input>
TryStaticPublic:static public method run ok.
TryStaticPublic:static public method whith prop run ok.<unity3d input>
```

图 10-5

另外，如果是调用 jar 类中的枚举，而且枚举必须不是类下面的，方法如下。

java 代码:

```java
package com.innyo.androidplugin;

public enum TryEnum {
    red,green,yellow,blcak
}
```

unity3d 代码:

```
AndroidJavaObject redValue =
new
AndroidJavaClass("com.innyo.androidplugin.TryEnum").GetStatic<AndroidJavaObject>("red");
```

如果是调用 jar 类中的接口:

```
unity3d
public class DateCallback : AndroidJavaProxy
{
    public DateCallback ()
        : base ("com.amap.api.location.AMapLocationListener")
    {
    }

    void onLocationChanged (AndroidJavaObject amapLocation)
    {

    }
}
```

等效于 java 中写:

```java
public class Hight_Accuracy_Activity implements AMapLocationListener {

    @Override
    public void onLocationChanged(AMapLocation loc) {

    }
}
```

10.2 高德地图 key 的获取

高德地图开放平台网址：http://lbs.amap.com/。

（1）注册账号并登录，首先创建应用，如图 10-6 所示。

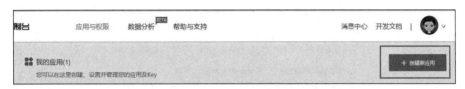

图 10-6

如果是学习的话，名称随便填，类型选择其他，如图 10-7 所示。

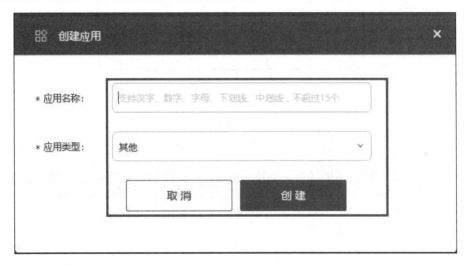

图 10-7

（2）应用创建完以后，点击"添加新 key"，如图 10-8 所示。

图 10-8

填写相应的内容，安全码获得在后面说明。PackageName 就是包名，发布的时候需要对应一致，如图 10-9 所示。

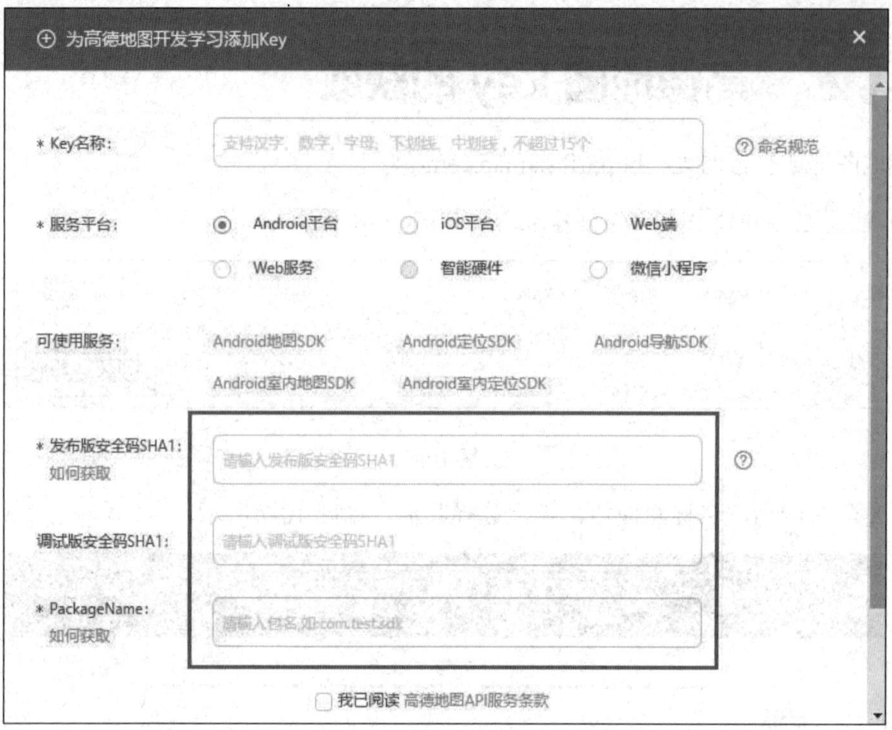

图 10-9

（3）设置结果如图 10-10 所示。

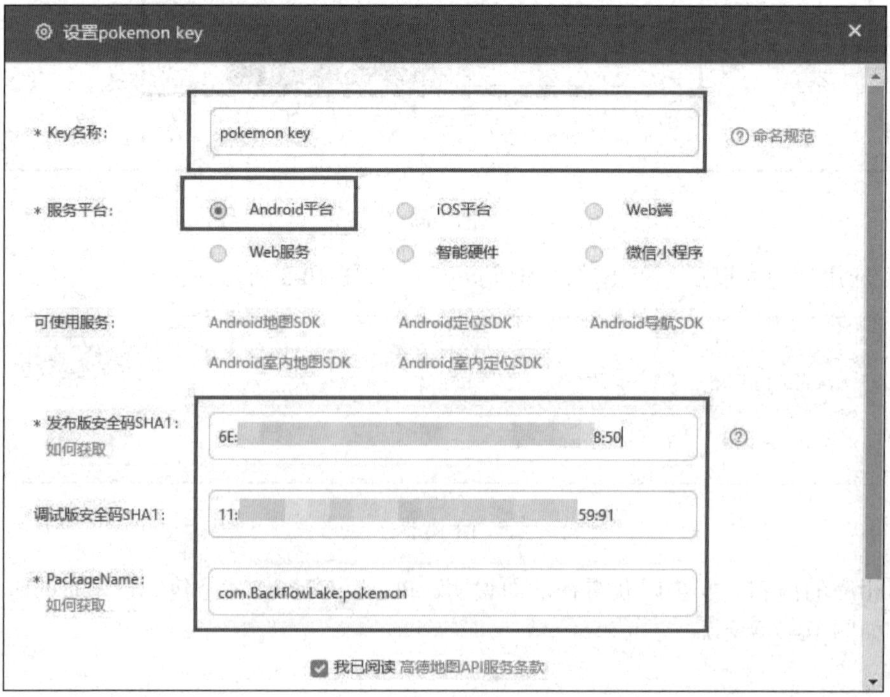

图 10-10

完成以后就可以看到 key，如图 10-11 所示。

图 10-11

（4）在这里再申请一个"Web 服务"，用处后面说明，如图 10-12 所示。

图 10-12

总共申请两个 key，如图 10-13 所示。

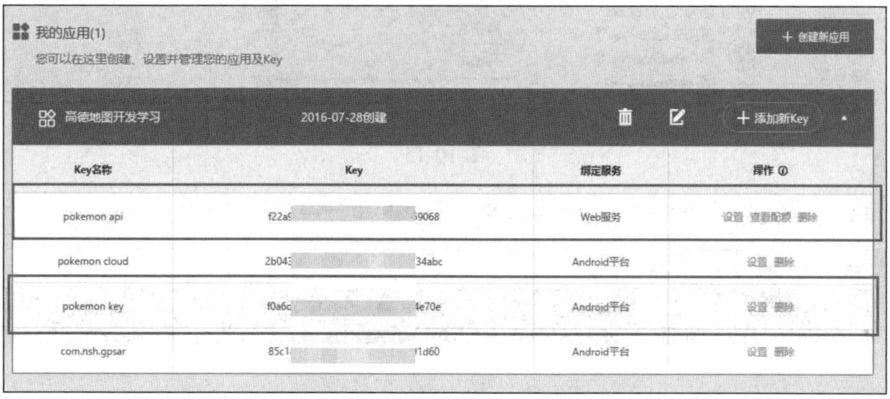

图 10-13

10.3 安全码 SHA1 获取

（1）在系统盘搜索"*.keystore"文件，一般在".android"目录下，找到"debug.keystore"文件。

在安卓打包的时候，如果没有指定数字签名，则会用这个文件来进行数字签名。注意：这个文件默认每台电脑不同，如图 10-14 所示。

图 10-14

（2）找到 JDK 的安装目录并进入到"bin"目录，按"Shift"键，同时在目录空白处右击，在弹出的菜单中选择"在此处打开命令窗口"，如图 10-15 所示。

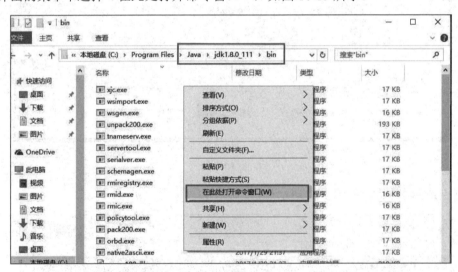

图 10-15

（3）输入"keytool -list -v -keystore debug.keystore"，如图 10-16 所示。

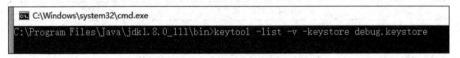

图 10-16

口令为空，直接按回车键，如图 10-17 所示。

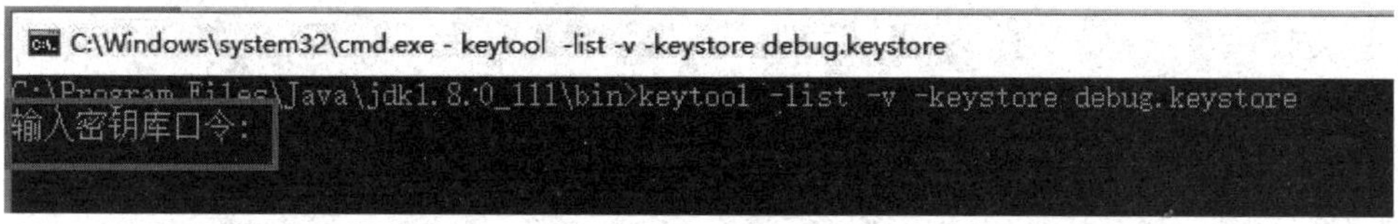

图 10-17

（4）这时会看到输出信息，其中，证书指纹的 SHA1 就是高德地图要的安全码 SHA1，如图 10-18 所示。

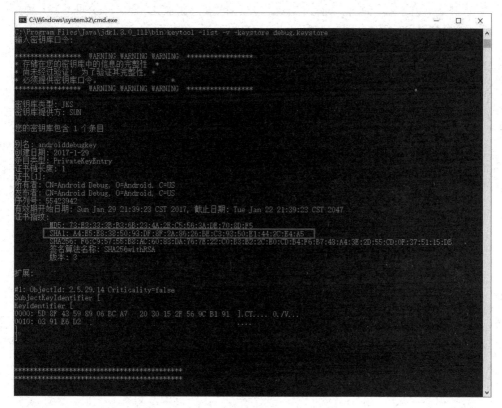

图 10-18

（5）将这个内容填写到"调试版安全码 SHA1"中。

发布版需要自己先生成数字签名文件，再用相同方法获取 SHA1，在这里就不详细说明了。没有可以不填写。

10.4 准备 Jar

因为高德地图的一些方法和枚举类型没法直接用 Unity 调用，所以用 Java 转一道。

代码 AMapLocationModeHelper.java：

```java
package com.BackflowLake.AMapLocationHelper;

import com.amap.api.location.AMapLocationClientOption;
import com.amap.api.location.AMapLocationClientOption.AMapLocationMode;

public class AMapLocationModeHelper {

    public void hightAccuracy(AMapLocationClientOption mLocationOption){
        mLocationOption.setLocationMode(AMapLocationMode.Hight_Accuracy);
    }

    public void batterySaving(AMapLocationClientOption mLocationOption){
        mLocationOption.setLocationMode(AMapLocationMode.Battery_Saving);
    }

    public void deviceSensors(AMapLocationClientOption mLocationOption){
        mLocationOption.setLocationMode(AMapLocationMode.Device_Sensors);
    }

    public void onceLocation(AMapLocationClientOption mLocationOption){
        mLocationOption.setOnceLocation(true);
    }

    public void onceLocationLatest(AMapLocationClientOption mLocationOption){
        mLocationOption.setOnceLocationLatest(true);
    }

    public void interval(AMapLocationClientOption mLocationOption,int time){
        mLocationOption.setInterval(time);
    }

    public void wifiActiveScan(AMapLocationClientOption mLocationOption){
        mLocationOption.setWifiActiveScan(false);
    }

    public void mockEnable(AMapLocationClientOption mLocationOption){
        mLocationOption.setMockEnable(false);
    }
```

```
public void needAddress(AMapLocationClientOption mLocationOption){
    mLocationOption.setNeedAddress(false);
    }
}
```

在 Eclipse 里新建项目，如图 10-19 所示。

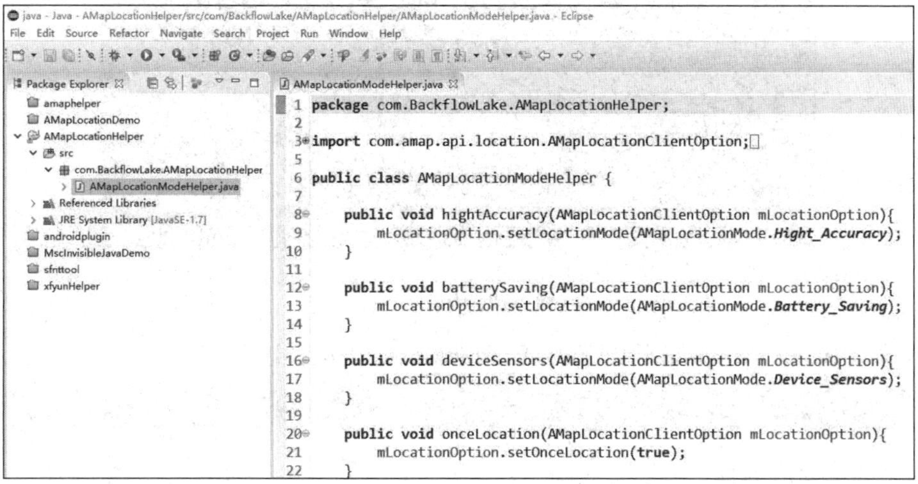

图 10-19

导出为 Jar，如图 10-20 所示。

图 10-20

10.5 导入 Unity

将编译好的 Jar 文件、高德安卓地图定位的 SDK 以及 "AndroidManifest.xml" 导入到 "Plugins/Android" 目录，如图 10-21 所示。

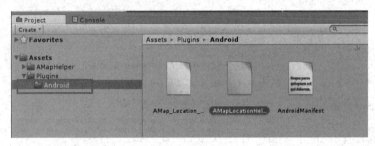

图 10-21

必须修改 Plugins/Android 目录下的 AndroidManifest.xml 文件：

```
package="com.BackflowLake.pokemon"
```

将包名改为对应名称：

```
<meta-data
android:name="com.amap.api.v2.apikey"
android:value="f0a6d14dacb4267ea404034c8574e70e"></meta-data>
```

修改此处的 key，如图 10-22 所示。

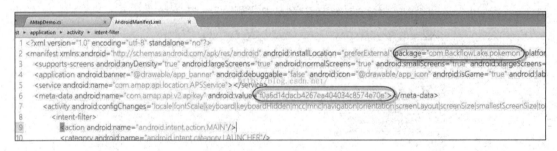

图 10-22

10.6 获取定位信息

10.6.1 获取定位信息的脚本

在这里，把获取定位信息的脚本写成便于其他脚本调用的形式。

(1) 新建一个简单类，用来获取定位的结果信息。

```csharp
AMapLocationInfo.cs
using System;
namespace AMapLocationHelper
{
    /// <summary>
    /// 定位结果信息
    /// </summary>
    public class AMapLocationInfo
    {
        /// <summary>
        /// 定位结果来源：
        /// </summary>
        public int LocationType;
        /// <summary>
        /// 纬度
        /// </summary>
        public double Latitude;
        /// <summary>
        /// 经度
        /// </summary>
        public double Longitude;
        /// <summary>
        /// 精度信息
        /// </summary>
        public float Accuracy;
        /// <summary>
        /// 地址
        /// </summary>
        public string Address;
        /// <summary>
......
    }
}
```

(2) 新建一个将 Java 类里的事件转成 Unity 事件的类。

```csharp
AMapLocationEvent.cs
using UnityEngine;
```

```csharp
namespace AMapLocationHelper
{
    public class AMapLocationEvent : AndroidJavaProxy
    {

        public AMapLocationEvent () : base ("com.amap.api.location.AMapLocationListener")
        {
        }

        void onLocationChanged (AndroidJavaObject amapLocation)
        {
            if (locationChanged != null) {
                locationChanged (amapLocation);
            }
        }

        public delegate void DelegateOnLocationChanged (AndroidJavaObject amap);
        public event DelegateOnLocationChanged locationChanged;
    }
}
```

（3）新建类，调用 Java 类里的方法，启动定位和响应定位事件。

```csharp
using UnityEngine;
using System;

namespace AMapLocationHelper
{

    public class AMapLocation : MonoBehaviour
    {
        private AMapLocationEvent amapEvent;
        private AndroidJavaClass jcu;
        private AndroidJavaObject jou;
        private AndroidJavaObject mLocationClient;
        private AndroidJavaObject mLocationOption;

        /// <summary>
```

```csharp
/// 定位模式
/// </summary>
public LocationMode locationMode = LocationMode.HightAccuracy;
/// <summary>
/// 获取一次定位结果
/// </summary>
public bool onceLocation = false;
/// <summary>
/// 获取最近3s内精度最高的一次定位结果:
/// </summary>
public bool onceLocationLatest = false;
/// <summary>
/// 定位间隔,单位毫秒
/// </summary>
public int interval = 2000;
......
/// <summary>
/// 定位结果信息
/// </summary>
public AMapLocationInfo locationInfo = new AMapLocationInfo();


public delegate void OnLocationChangedEvent ();
public event OnLocationChangedEvent locationChanged;


/// <summary>
/// 开始定位
/// </summary>
public void StartLocation ()
{
    error = false;
    errorInfo = "";

    try {
        jcu = new AndroidJavaClass ("com.unity3d.player.UnityPlayer");
        jou = jcu.GetStatic<AndroidJavaObject> ("currentActivity");

        #region 初始化定位
        //声明 AMapLocationClient 类对象
        //public AMapLocationClient mLocationClient = null;
```

```
            mLocationClient = null;

            //声明定位回调监听器
            //public AMapLocationListener mLocationListener = new
AMapLocationListener();
            amapEvent = new AMapLocationEvent ();
            amapEvent.locationChanged += OnLocationChanged;

            //初始化定位
            //mLocationClient = new
AMapLocationClient(getApplicationContext());
            mLocationClient = new AndroidJavaObject
("com.amap.api.location.AMapLocationClient", jou);

            //设置定位回调监听
            //mLocationClient.setLocationListener(mLocationListener);
            mLocationClient.Call ("setLocationListener", amapEvent);
            #endregion

            #region 配置参数
            //声明AMapLocationClientOption对象
            //public AMapLocationClientOption mLocationOption = null;
            //初始化AMapLocationClientOption对象
            //mLocationOption = new AMapLocationClientOption();
            mLocationOption = null;
            mLocationOption = new AndroidJavaObject
("com.amap.api.location.AMapLocationClientOption");
            #endregion

            #region 设置定位配置
            AndroidJavaObject helper = new AndroidJavaObject
("com.BackflowLake.AMapLocationHelper.AMapLocationModeHelper");

            //选择定位模式
            switch (locationMode) {
            case LocationMode.BatterSaving:
                helper.Call ("batterySaving", mLocationOption);
                break;
            case LocationMode.DeviceSensors:
```

```csharp
                    helper.Call ("deviceSensors", mLocationOption);
                    break;
                case LocationMode.HightAccuracy:
                    helper.Call ("hightAccuracy", mLocationOption);
                    break;
            }

            ......
            #endregion

            #region 启动定位
            //给定位客户端对象设置定位参数
            //mLocationClient.setLocationOption(mLocationOption);
            //启动定位
            //mLocationClient.startLocation();
            mLocationClient.Call ("setLocationOption", mLocationOption);
            mLocationClient.Call ("startLocation");
            #endregion

        } catch (Exception ex) {
            Debug.Log (ex.Message);
            error = true;
            errorInfo = ex.Message;
        }
    }


    /// <summary>
    /// 结束定位
    /// </summary>
    public void EndLocation ()
    {
        if (amapEvent != null) {
            amapEvent.locationChanged -= OnLocationChanged;
        }

        if (mLocationClient != null) {
            mLocationClient.Call ("stopLocation");
            mLocationClient.Call ("onDestroy");
        }
```

```
            error = false;
            errorInfo = "";
        }


        /// <summary>
        /// 定位事件
        /// </summary>
        /// <param name="amapLocation">AMap location.</param>
        private void OnLocationChanged (AndroidJavaObject amapLocation)
        {
            if (amapLocation != null) {
                if (amapLocation.Call<int> ("getErrorCode") == 0) {
                    try {
                        locationInfo.LocationType = amapLocation.Call<int> ("getLocationType");
                        ......
                        locationInfo.Time = DateTime.Now;
                    } catch (Exception ex) {
                        Debug.Log (ex.Message);
                        error = true;
                        errorInfo = ex.Message;
                    }
                } else {
                    error = true;
                    errorInfo = ">>getErrorCode:" + amapLocation.Call<int> ("getErrorCode").ToString ()
                        + ">>getErrorInfo:" + amapLocation.Call<string> ("getErrorInfo");
                }
            } else {
                error = true;
                errorInfo = "amaplocation is null.";
            }

            if (locationChanged != null) {
                locationChanged ();
            }
        }
```

```csharp
}

/// <summary>
/// 定位模式枚举
/// </summary>
public enum LocationMode
{
    /// <summary>
    /// 高精度定位模式
    /// </summary>
    HightAccuracy,
    /// <summary>
    /// 低功耗定位模式
    /// </summary>
    BatterSaving,
    /// <summary>
    /// 仅用设备定位模式
    /// </summary>
    DeviceSensors
}
```

10.6.2 添加调用脚本

（1）新建场景，添加一个启动定位的按钮和一个停止定位的按钮，再添加一个文本框获取内容，如图 10-23 所示。

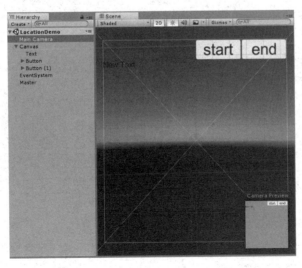

图 10-23

(2)新建脚本,用来调用之前的脚本并输出内容。

```csharp
using UnityEngine;
using System.Collections;
using UnityEngine.UI;
using System;

public class AMapDemo : MonoBehaviour
{

    private AMapLocationHelper.AMapLocation location;
    public Text txt;

    void Start ()
    {
        location = GetComponent<AMapLocationHelper.AMapLocation> ();
        ShowTxt ("scene start");
        ShowTxt (location.ToString ());
    }

    public  void startLocation ()
    {
        ShowTxt ("start");
        location.StartLocation ();
        location.locationChanged += OnLocationChanged;
    }

    public void endLocation ()
    {
        ShowTxt ("end");
        location.locationChanged -= OnLocationChanged;
        location.EndLocation ();
    }

    void OnLocationChanged ()
    {
        txt.text = "";
        ShowTxt ("OnLocationChanged");
        if (!location.error) {
```

```
        try {
            ShowTxt ("定位结果来源: " + location.locationInfo.Accuracy);
            ShowTxt ("纬度: " + location.locationInfo.Latitude.ToString ());
            ShowTxt ("经度: " + location.locationInfo.Longitude.ToString ());
            ......
            ShowTxt ("时间: " + location.locationInfo.Time.ToLongTimeString ());
        } catch (Exception ex) {
            ShowTxt (ex.Message);
        }
    } else {
        ShowTxt (location.errorInfo);
    }
}

private void ShowTxt (string info)
{
    txt.text = info + "\r\n" + txt.text;
}
```

(3) 设置脚本, 如图 10-24 所示。

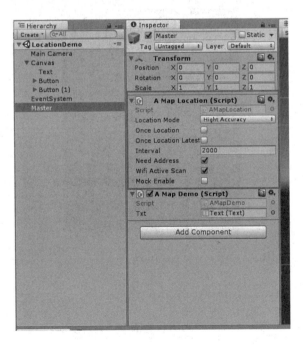

图 10-24

10.6.3 测试

将项目打包成 apk，"Bundle Identifier"必须和申请的高德 key 对应，如图 10-25 所示。

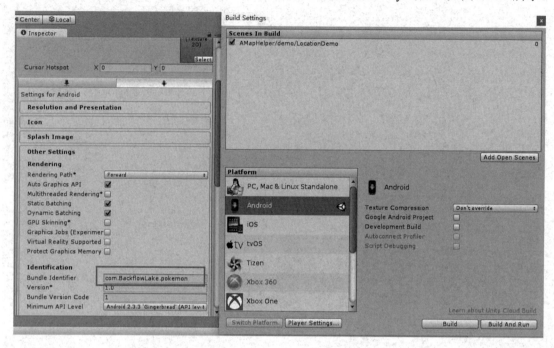

图 10-25

装在手机上运行效果如图 10-26 所示。

图 10-26

10.6.4 插件

通过以上方法，就可以在 Unity 中使用高德地图 Android 定位。当然，也只能是发布到安卓手机上才能使用。

为了方便大家，我已经把这个做成一个简单的 Unity 插件，可以直接在 Github 上下载。
地址：https://github.com/wuyt/AMapHelper。

打开页面，点击"Clone or download"就可以下载插件，其中包括源码和示例，如图 10-27 所示。

图 10-27

10.7 获取地图

10.7.1 说明

因为没法简单用高德地图的 Android 地图 SDK 获取当前地图，但是可以绕一下。

记得前面申请过两个 key 吗，其中一个是 Web 服务。高德 Web 服务 API 提供了一个功能，向服务器发送请求，包含一个经纬度，返回一张静态图片，这张静态图片是以该经纬度地址为中心的一幅地图。

- 官方详细说明地址：http://lbs.amap.com/api/webservice/guide/api/staticmaps。
- 地图请求地址：http://restapi.amap.com/v3/staticmap。

主要参数：

- key：用户唯一标识。
- location：地图中心点，经度和纬度用","分隔 经纬度小数点后不得超过 6 位。
- zoom：地图缩放级别:[1,17]。
- size：地图大小，最大值为 1024*1024。

10.7.2 脚本

用 WWW 对象的方法，可以访问网络地址，并且将获取的对象转换成 sprite 赋值给一个 Sprite 对象。

```
IEnumerator Loadimg ()
{
    //获取当前点的地图
    www = new WWW
("http://restapi.amap.com/v3/staticmap?key=f22a9452e5d7910f2eb16d9a9f959068&zoom=17&scale=2&location="
        + longitude.ToString () + "," + latitude.ToString ());

    yield return www;
    if (www != null && string.IsNullOrEmpty (www.error)) {
        Texture2D texture = www.texture;
        Sprite sprite = Sprite.Create (texture, new Rect (0, 0, texture.width, texture.height), new Vector2 (0.5f, 0.5f));
        map.GetComponent<SpriteRenderer> ().sprite = sprite;
        ShowTxt ("地图加载完成。");
    }
}
```

10.7.3 场景

（1）将摄像机设置为坐标（0，5，0），并镜头向下，如图 10-28 所示。

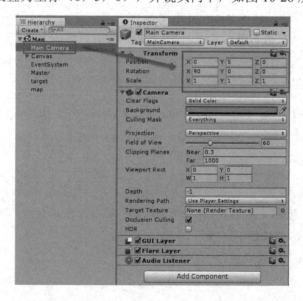

图 10-28

（2）添加一个 Sprite 对象，用来显示地图，如图 10-29 所示。

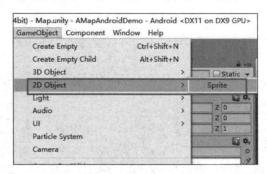

图 10-29

设置坐标为（0，0，0），方向朝上，如图 10-30 所示。

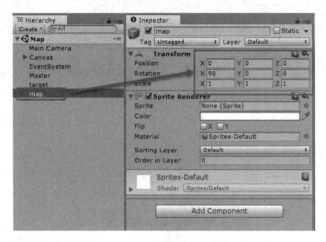

图 10-30

（3）再添加一个 Sprite 对象，用来显示当前位置，坐标也是（0，0，0），方向朝上，如图 10-31 所示。

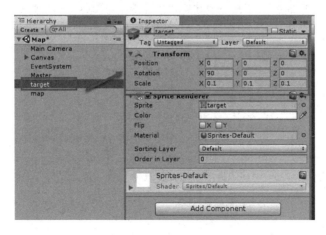

图 10-31

（4）在场景中添加脚本，一个是获取位置信息的脚本，一个是获取地图的脚本，如图 10-32 所示。

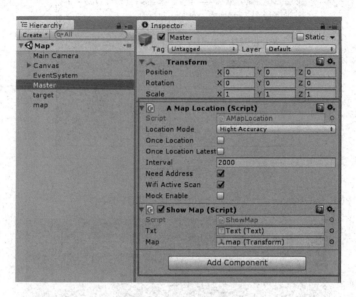

图 10-32

10.7.4 打包运行

打包成 apk 以后，运行应用，点击 start once 按钮后，先获取到当前经纬度地址，然后会下载地图的图片，效果如图 10-33 所示。

图 10-33

第 11 章
Unity3D 摄像机开发

11.1 常用的几种摄像机

Unity3D 中，不同的游戏里，摄像机有不同的表现方式。官方在标准资源里面提供了 4 种常见摄像机。官方标准资源可以安装的时候就附带安装，如果没有，可以从商城下载导入，如图 11-1 所示。

图 11-1

这里，用官方资源中的场景做了修改，便于说明和演示。下面说的默认场景就是这个修改过的场景。场景中有一些建筑和一个会自动跑到鼠标点击位置的人物作为对象。该场面默认没有摄像机，无法直接运行，如图 11-2 所示。

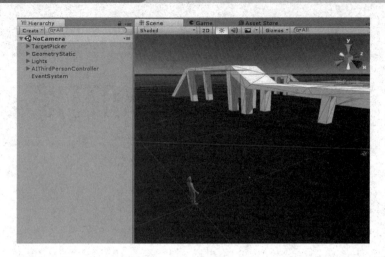

图 11-2

11.1.1 CctvCamera

这是官方提供的摄像机,就像体育比赛的电视转播的摄像机一样,固定位置不同,通过旋转角度和调整焦距来跟踪拍摄对象。

(1)将标准资源中"Standard Assets/Cameras/Perfabs"目录里的"CctvCamera"预制件拖入默认场景中,如图 11-3 所示。

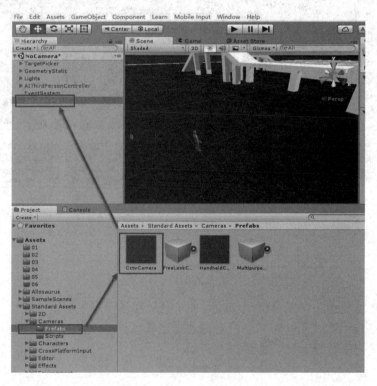

图 11-3

（2）设置"CctvCamera"游戏对象的位置，修改"Field of View"属性调节焦距，并将要跟踪的对象拖到"Target"属性中，如图 11-4 所示。

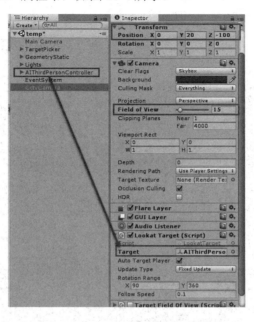

图 11-4

这个时候运行，摄像机会调整角度跟踪对象，让其显示在屏幕中间，如图 11-5 所示。

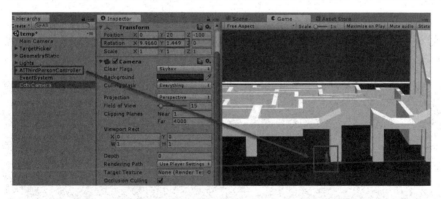

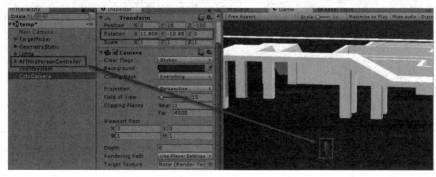

图 11-5

（3）激活"Target Field of View"组件，将要跟踪的对象拖入"Target"属性。这时摄像机就会自己调整焦距。"Zoom Amount Multiplier"属性是设定跟踪对象缩放的值，调节这个值会影响对象在屏幕中显示的大小，如图 11-6 所示。

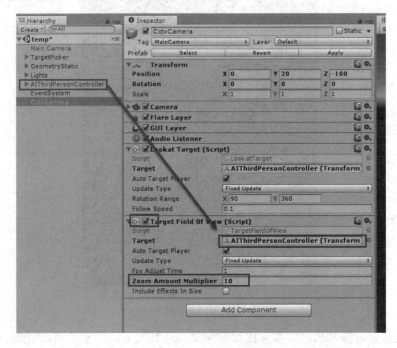

图 11-6

这时候运行，就会看到摄像机会根据对象移动的情况，变化角度并调节焦距，如图 11-7、图 11-8 所示。

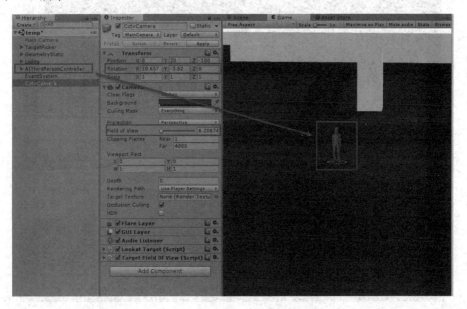

图 11-7

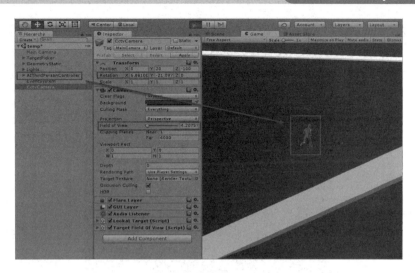

图 11-8

11.1.2 HandHeldCamera

这也是官方提供的摄像机，和 CctvCamera 很类似，区别只是一个是放在三脚架上的，一个是手持的。HandHeldCamera 也是通过变化角度和焦距来跟踪拍摄对象，只是多了一个手抖的效果。

（1）将标准资源中"Standard Assets/Cameras/Perfabs"目录里的"HandHeldCamera"预制件拖入默认场景中，如图 11-9 所示。

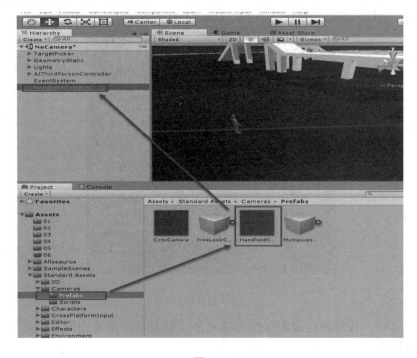

图 11-9

（2）设置"HandHeldCamera"游戏对象的位置，修改"Field of View"属性调节焦距，并将要跟踪的对象拖到"Target"属性中，如图 11-10 所示。

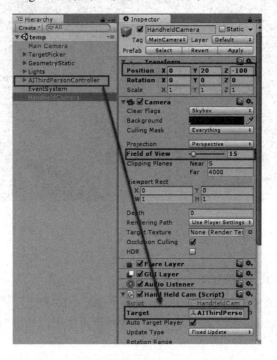

图 11-10

（3）调节"Base Sway Amount"和"Sway Speed"属性可以调整抖动的幅度和速度，从轻微的手抖到 7 级地震的效果都可以实现，如图 11-11 所示。

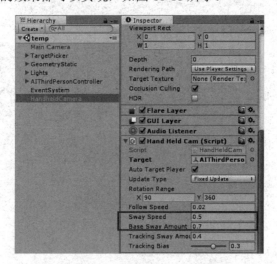

图 11-11

这个时候运行，摄像机会调整角度跟踪对象让其显示在屏幕中间，但是多了抖动的效果，如图 11-12 所示。

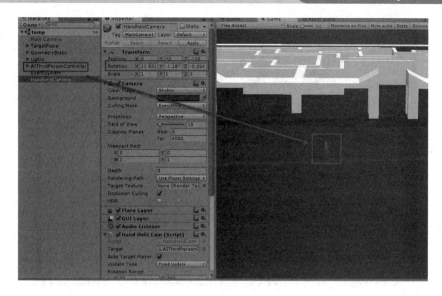

图 11-12

(4)激活"Target Field of View"组件,将要跟踪的对象拖入"Target"属性。这时摄像机就会自己调整焦距。"Zoom Amount Multiplier"属性是设定跟踪对象缩放的值,调节这个值会影响对象在屏幕中显示的大小,如图 11-13 所示。

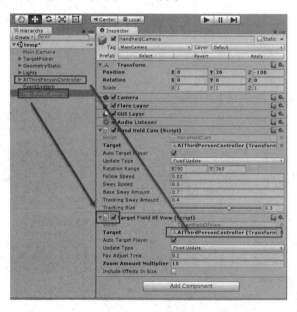

图 11-13

这时候运行,就会看到,摄像机会根据对象移动的情况变化角度并调节焦距,还附带抖动效果,如图 11-14 所示。

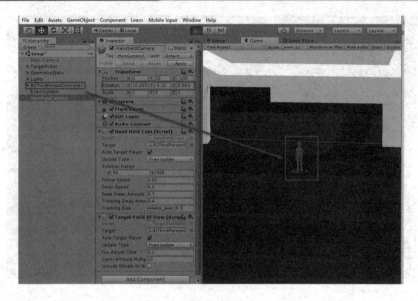

图 11-14

11.1.3　MultipurposeCameraRig

这也是官方资源包中提供的摄像机。该摄像机会跟在对象的正后方并保持一定的距离，摄像机的正前方和对象的正前方一致，有点类似神庙逃亡或魔兽世界默认的视角。

（1）将标准资源中"Standard Assets/Cameras/Perfabs"目录里的"MultipurposeCameraRig"预制件拖入默认场景中，如图 11-15 所示。

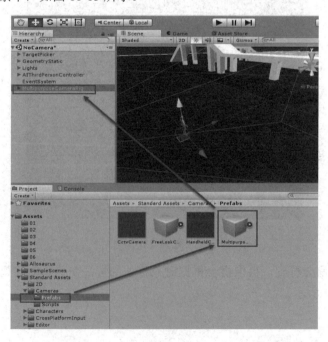

图 11-15

（2）设置摄像机的位置，将要跟踪的对象拖到"Target"属性中，如图 11-16 所示。

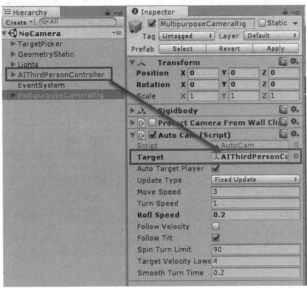

图 11-16

此时运行效果如图 11-17 所示。

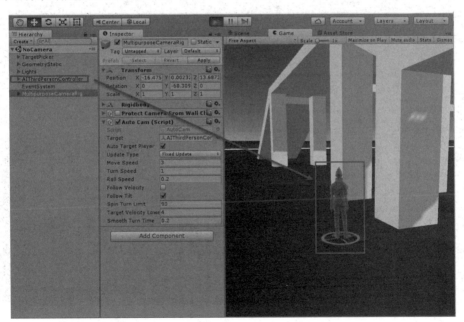

图 11-17

（3）其中"Move Speed"是摄像机跟踪对象的速度，如果为 0，则摄像机不会移动。"Turn Speed"是摄像机转动的速度，如果为 0，则摄像机始终保持在一个方向上。当这两个值很大的时候，摄像机的效果会像是固定在对象后面，如图 11-18 所示。

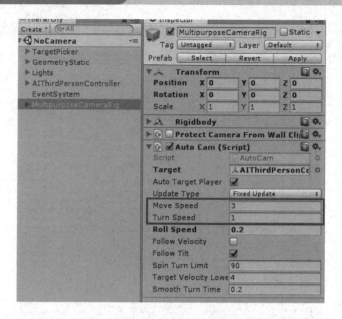

图 11-18

当"Turn Speed"值为 0 时,可以有如图 11-19 所示的效果。

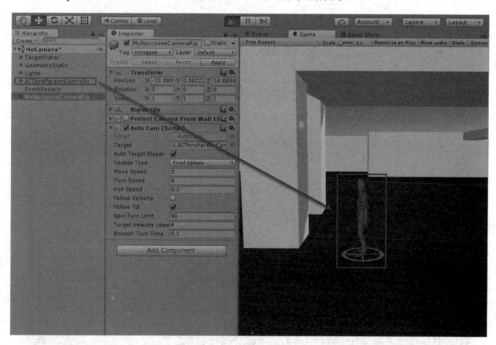

图 11-19

(4)"Protect Camera From Wall Clip"组件可以避免摄像机跑到墙体中去,出现类似图 11-20 所示的情形。

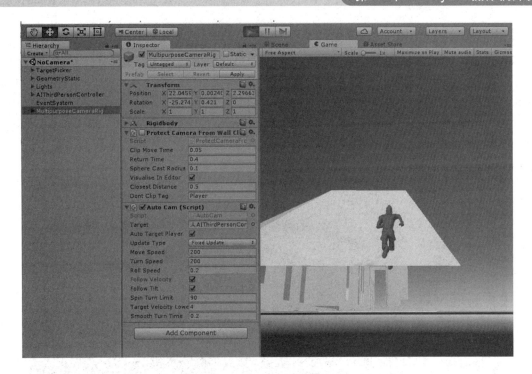

图 11-20

激活以后,摄像机就不会跑到墙体中去,如图 11-21 所示。

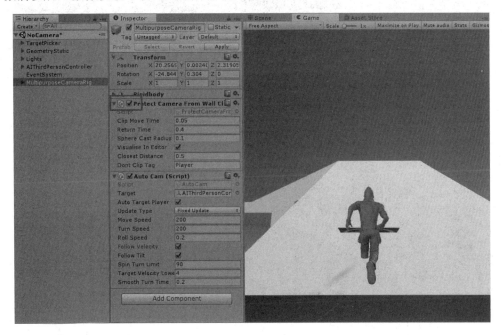

图 11-21

11.1.4 FreeLookCameraRig

FreeLookCameraRig 也是官方资源包里的摄像机。效果很类似 MultipurposeCameraRig 摄像机中参数"Turn Speed"为 0 时的状况,摄像机会从某个方向跟踪对象。但是,FreeLookCameraRig 可以手动调节视角方向。

(1)将标准资源中"Standard Assets/Cameras/Perfabs"目录里的"FreeLookCameraRig"预制件拖入默认场景中,如图 11-22 所示。

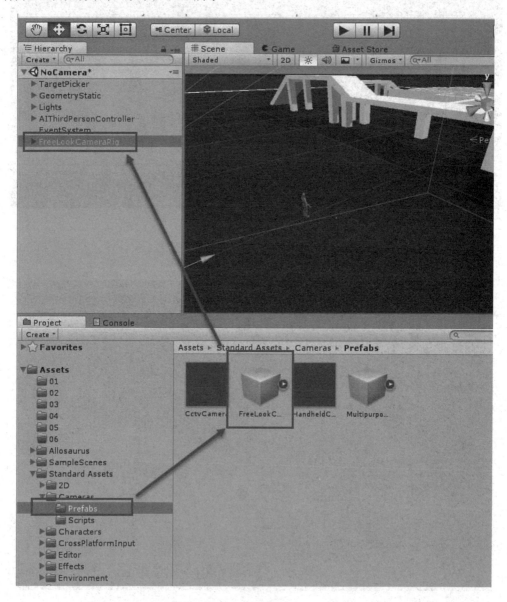

图 11-22

(2)设置摄像机的位置,将要跟踪的对象拖到"Target"属性中,如图 11-23 所示。

第 11 章　Unity3D 摄像机开发

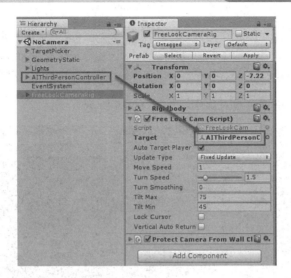

图 11-23

此时运行效果如图 11-24 所示。

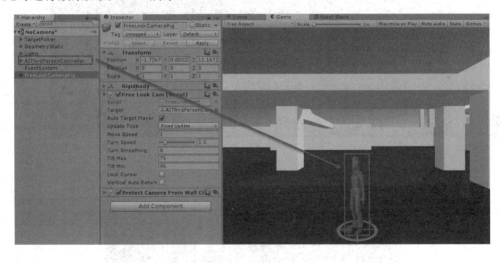

图 11-24

（3）添加一个新的脚本，用来控制摄像机方向。

脚本内容如下：

```
using UnityEngine;
using System.Collections;
using UnityStandardAssets.CrossPlatformInput;

public class FreeLookContrl : MonoBehaviour {
    void Update () {
        if (Input.GetMouseButton (1)) {
            CrossPlatformInputManager.SetAxis ("Mouse X", Input.GetAxis("Mouse X"));
            CrossPlatformInputManager.SetAxis ("Mouse Y", Input.GetAxis ("Mouse
```

```
Y"));
        }
    }
}
```

并将脚本拖到一个空的游戏对象中,如图 11-25 所示。

图 11-25

当鼠标右键按下时,拖动鼠标就可以改变摄像机视角方向,如图 11-26 所示。

图 11-26

11.1.5 第一人称视角

Unity3D 官方资源中,除了上述 4 种第三人称视角的摄像机,还提供了第一人称视角的预制件。

(1)将标准资源中"Standard Assets/Characters/FirstPersonCharacter/Perfabs"目录下的"FPSController"预制件拖入默认场景中,如图 11-27 所示。

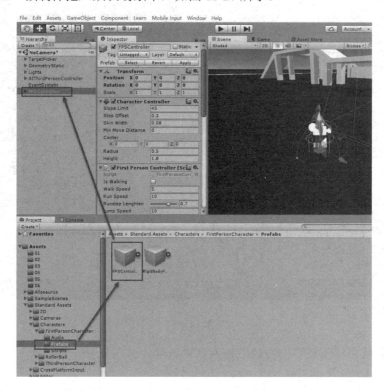

图 11-27

(2)新建一个控制脚本。

```
using UnityEngine;
using System.Collections;
using UnityStandardAssets.CrossPlatformInput;

public class FPControl : MonoBehaviour {
    void Update () {
        CrossPlatformInputManager.SetAxis ("Horizontal", Input.GetAxis ("Horizontal"));
        CrossPlatformInputManager.SetAxis ("Vertical", Input.GetAxis ("Vertical"));
    }
}
```

（3）新建一个空的游戏对象，将"FPControl.cs"和上一节写的脚本"FreeLockControl.cs"拖入其中，如图 11-28 所示。

图 11-28

运行，这时就可以用键盘的方向键控制移动方向，并用鼠标左键按下时的拖动来控制视角方向了，如图 11-29 所示。

图 11-29

11.1.6 DungeonCamera

这个摄像机不是官方资源中的。这个摄像机会保持特定的角度和距离，通过移动位置来跟踪对象，有点类似于暗黑破坏神 3 的视角。

(1) 新建脚本。

```
using UnityEngine;
using System.Collections;

public class DungeonCamera : MonoBehaviour {

    public GameObject target;
    public float damping = 5;
    Vector3 offset;

    void Start() {
        offset = transform.position - target.transform.position;
    }

    void LateUpdate() {
        if (damping > 0) {
            Vector3 desiredPosition = target.transform.position + offset;
            Vector3 position = Vector3.Lerp (transform.position, desiredPosition, Time.deltaTime * damping);
            transform.position = position;

            transform.LookAt (target.transform.position);
        } else {
            Vector3 desiredPosition = target.transform.position + offset;
            transform.position = desiredPosition;
        }
    }
}
```

(2) 在默认场景中添加摄像机，注意摄像机的"Tag"属性要设置为"MainCamera"，如图 11-30 所示。

图 11-30

（3）将脚本"DungeonCamera.cs"拖到摄像机上，如图 11-31 所示。

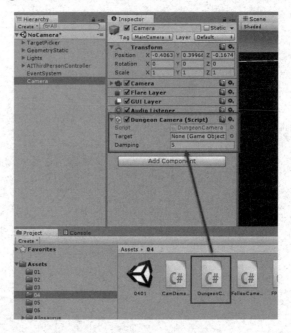

图 11-31

（4）将对象拖到"Target"属性中，如图 11-32 所示。

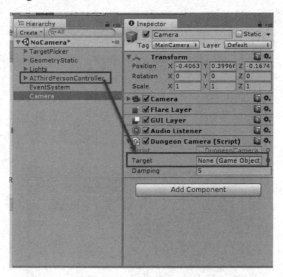

图 11-32

（5）设置好摄像机的位置，如图 11-33 所示。

第 11 章 Unity3D 摄像机开发

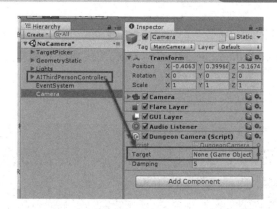

图 11-33

运行结果如下，摄像机通过改变位置来跟踪对象，如图 11-34、图 11-35 所示。

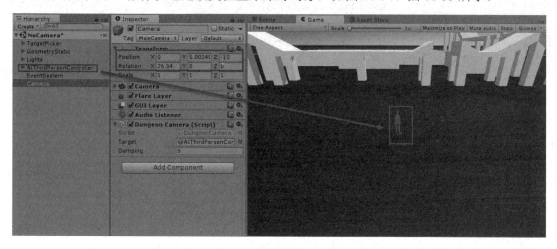

图 11-34

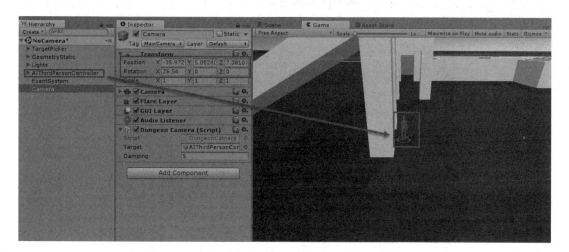

图 11-35

11.1.7 LookAtCamera

LookAtCamera 是 CctvCamera 的简化版,通过变化角度跟踪对象,在一些小的场景里面用起来还是方便的。

(1)新建脚本。

```
using UnityEngine;
using System.Collections;

public class LookAtCamera : MonoBehaviour {

    public GameObject target;

    void LateUpdate ()
    {
        transform.LookAt (target.transform);
    }
}
```

(2)在默认场景里新建摄像机并设置位置,如图 11-36 所示。

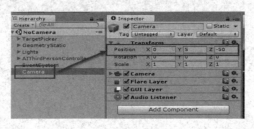

图 11-36

(3)将"LookAtCamera.cs"脚本拖到摄像机上,并将对象拖到"Target"属性中,如图 11-37 所示。

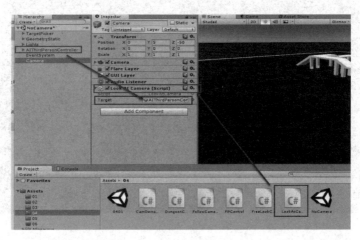

图 11-37

运行结果如图 11-38 所示。

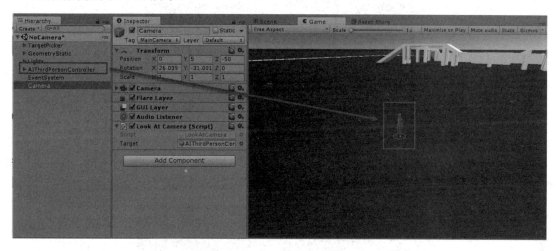

图 11-38

11.2 双摄像机

在 Unity3D 中可以有多个不同的摄像机，可以用在特效、小地图等效果里面。下面简单介绍下双摄像机如何设置。

（1）新建一个场景，添加一些方块和球体，方块和球体分别在不同的游戏对象中，如图 11-39 所示。

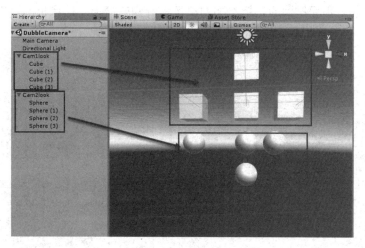

图 11-39

（2）在场景中新添加一个摄像机，如图 11-40 所示。

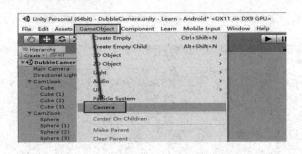

图 11-40

（3）设置新的摄像机的位置和默认摄像机一样，记得关闭或删除"Audio Listener"组件。同一个场景中，只允许一个"Audio Listener"组件处于激活状态，如图 11-41 所示。

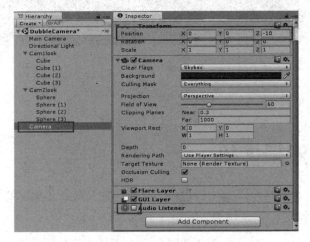

图 11-41

这个时候运行，实际看到的是新添加的摄像机看到的情形。摄像机的"Depth"属性决定了看到内容的前后，如图 11-42 所示。

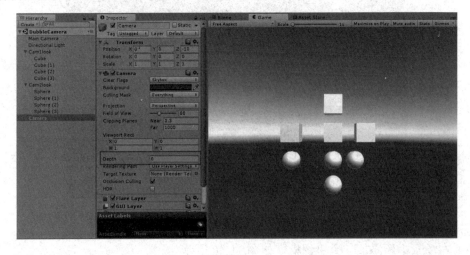

图 11-42

（4）设置球体集合的游戏对象的"Layer"属性为"Water"，如图 11-43 所示。

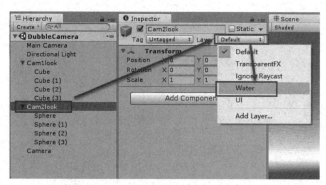

图 11-43

在弹出的对话框中选是，确保其下所有对象的"Layer"属性都是"Water"，如图 11-44 所示。

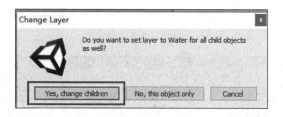

图 11-44

（5）修改默认摄像机的"Culling Mask"属性，去掉对"Water"层的观察。这时候，默认摄像机将无法显示球体，如图 11-45 所示。

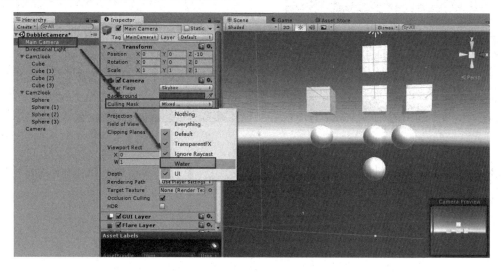

图 11-45

（6）修改新添加摄像机的"Culling Mask"属性，只选中"Water"层的观察。这时候，新添加摄像机只能显示球体，如图 11-46 所示。

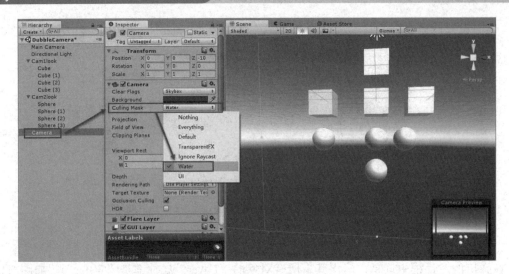

图 11-46

这时候运行，因为新添加摄像机的"Depth"属性大于默认摄像机的"Depth"属性，所以显示的是新添加摄像机看到的内容，如图 11-47 所示。

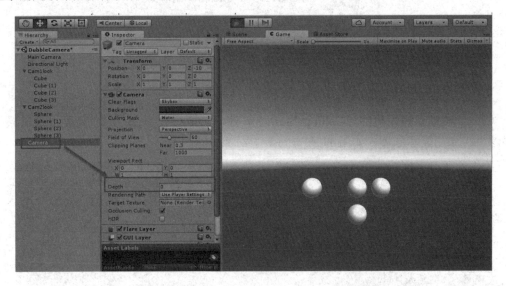

图 11-47

将新添加摄像机的"Depth"属性改为"-2"以后，看到的就是默认摄像机看到的内容，如图 11-48 所示。

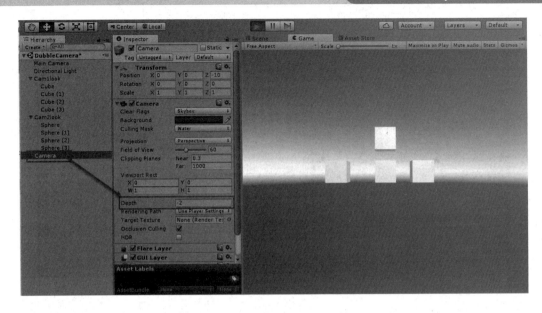

图 11-48

(7) 将新添加摄像机的 "Clear Flags" 属性改为 "Depth Only",这时新添加的摄像机将不显示天空盒或背景,如图 11-49 所示。

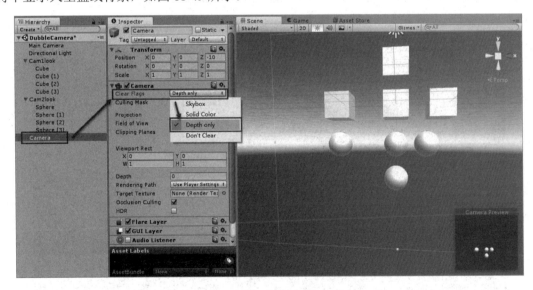

图 11-49

保持新添加摄像机的 "Depth" 大于默认摄像机,这时候运行,似乎没有区别,如图 11-50 所示。

图 11-50

（8）这时候，我们为默认摄像机添加一个特效，这个特效是官方标准资源里的。这个特效在"Standard Assets/Effects/ImageEffects/Scripts"里，把"BlurOptimized"脚本拖到默认摄像机上。这是个模糊特效，所有默认摄像机观察到的对象都加上了模糊的效果，如图 11-51 所示。

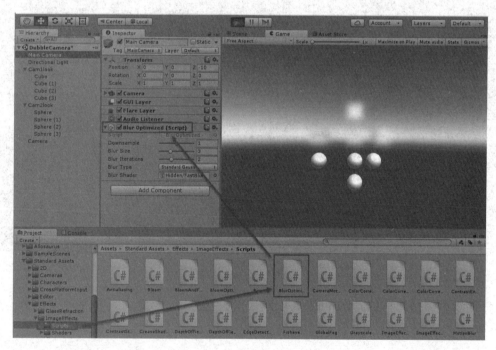

图 11-51

第 12 章
◀ 声音播放 ▶

12.1 AudioClip、AudioSource、AudioListener

12.1.1 AudioClip

把音频文件导入到 Unity 以后,音频文件就会变成一个 audioclip,如图 12-1 所示。点击,可以看到属性,如图 12-2 所示。

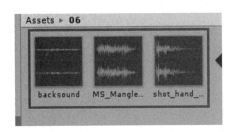

图 12-1

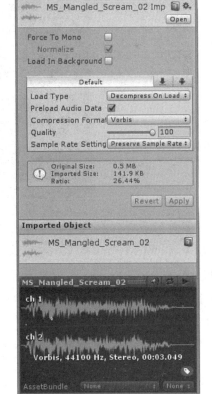

图 12-2

- load type：小文件选择 Decompress On Load，大的文件选 Compressed In Memory。
- Compression Format：PCM 不压缩，一般选 ADPCM；背景音乐，对话等选 Vorbis/MP3。
- Sample Rate Setting：一般选 Optimize Sample Rate，优化采样率。

上面是根据官方文档得出的结论，不过实际运用中还得看具体情况。

12.1.2 AudioSource

这是 Unity 播放声音的基本组件，关联了 AudioClip 就能够播放了。声音播放基本是在对这个组件进行操作，如图 12-3 所示。

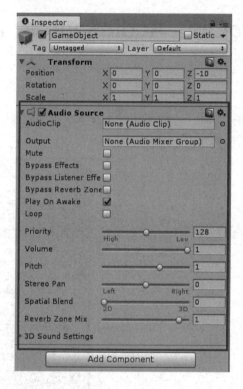

图 12-3

12.1.3 AudioListener

每个场景只能有一个 AudioListener 组件，它是声音播放必需的组件，默认绑在 Main Camera 上，如图 12-4 所示。

第 12 章　声音播放

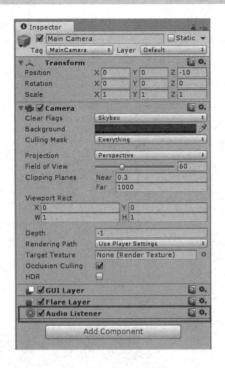

图 12-4

12.2 播放背景音乐

背景音乐播放，一般是在摄像机位置或者玩家位置播放。

（1）新建一个游戏对象，设置其位置和摄像机在一起，如图 12-5 所示。

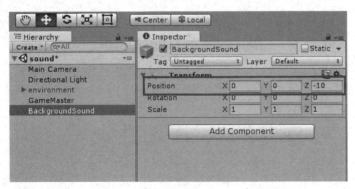

图 12-5

（2）将背景音乐资源拖到游戏对象中，会自动生成"AudioSource"组件，如图 12-6 所示。

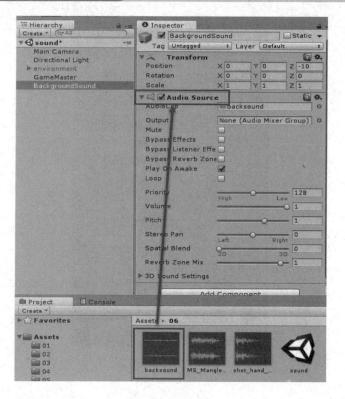

图 12-6

选中"Play On Awake"属性将会在游戏对象启动的时候自动播放,选中"Loop"属性会循环播放,如图 12-7 所示。

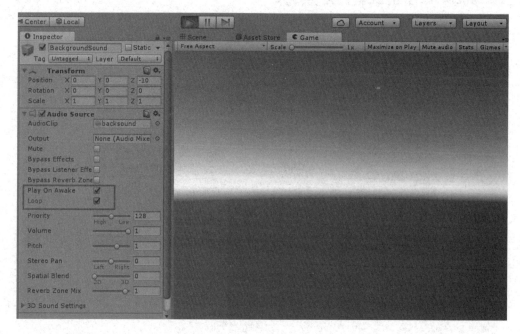

图 12-7

12.3 控制背景声音音量

（1）添加一个 Canvas，并且添加一个滚动条和一个选择框，如图 12-8 所示。

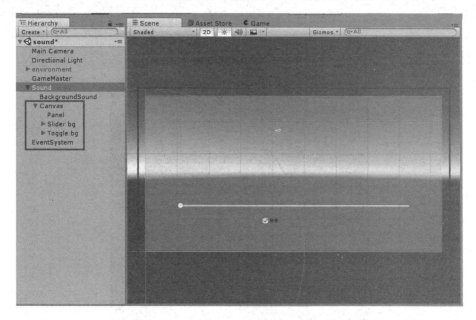

图 12-8

（2）新建脚本。

```
using UnityEngine;
using System.Collections;
using UnityEngine.UI;

public class BackSoundControl : MonoBehaviour {

    public Slider slider;
    public Toggle toggle;
    public AudioSource soundPlay;

    public void PlayOrStop(){
        if (toggle.isOn) {
            soundPlay.gameObject.SetActive (true);
            Volume ();
        } else {
            soundPlay.gameObject.SetActive (false);
        }
```

```
}

public void Volume(){
    soundPlay.volume = slider.value;
}
}
```

（3）将脚本拖到 Sound 游戏对象中，如图 12-9 所示。

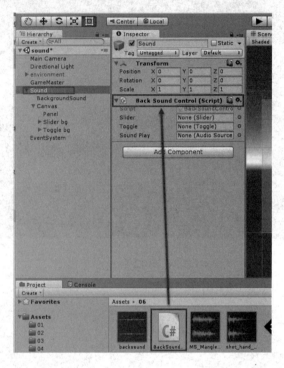

图 12-9

（4）设置脚本属性如图 12-10 所示。

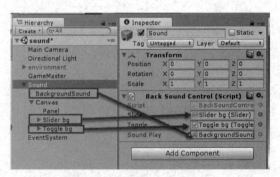

图 12-10

（5）设置滚动条拖动时候的脚本是"BackSoundControl"的"Volume"方法，并且设置滚动条的"Value"属性值为 1，如图 12-11 所示。

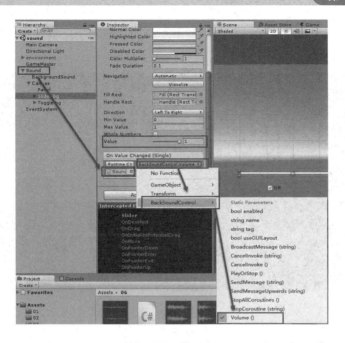

图 12-11

(6)设置选择框选择的时候的脚本是"BackSoundControl"的"PlayOrStop"方法,如图 12-12 所示。

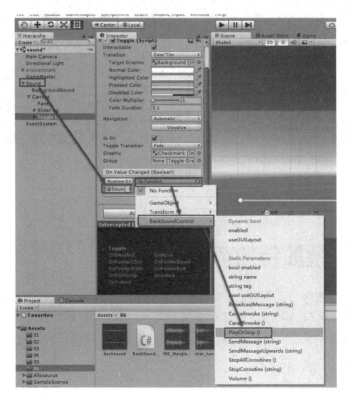

图 12-12

这时候运行，拖动滚动条就可以调节背景声音的音量大小，点击选择框则会停止或者播放背景声音，如图 12-13、图 12-14 所示。

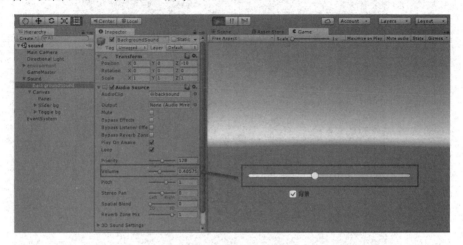

图 12-13

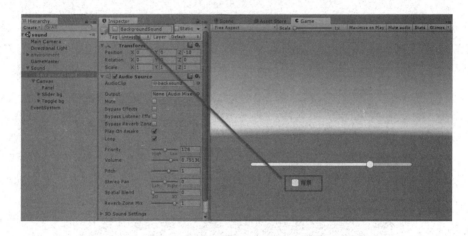

图 12-14

12.4 播放特效声音

为了演示播放特效声音，新建一些方块，当鼠标点击到方块的时候，会生成一个球体，播放特效声音。球体会自由下落，等球体离开视野的时候会播放另外一个特效声音。

特效声音的播放一般是在具体的游戏对象上播放的，这样可以有远近左右的区别。

（1）新建方块，如图 12-15 所示。

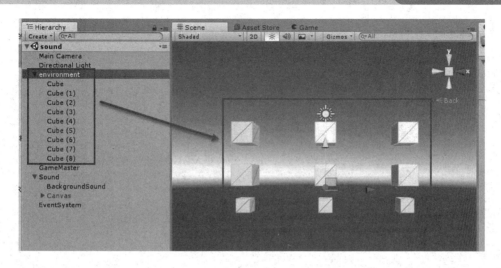

图 12-15

(2)将一个球体做成预制件并添加刚体,这样才能自由下落,如图 12-16 所示。

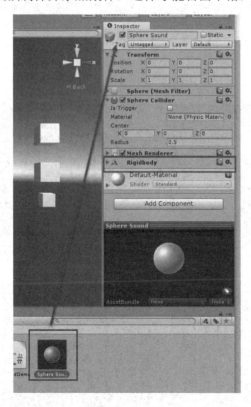

图 12-16

(3)新建点击脚本。

```
using UnityEngine;
using System.Collections;
```

```
public class SoundDemo : MonoBehaviour {

    public GameObject perfab;

    void Update () {
        if (Input.GetMouseButtonDown (0)) {
            Ray ray = Camera.main.ScreenPointToRay (Input.mousePosition);
            RaycastHit hit;
            if (Physics.Raycast (ray, out hit)) {
                Instantiate (perfab, hit.transform.position, Quaternion.identity);
            }
        }
    }
}
```

当点击屏幕的时候，会射出一条射线，射线碰到哪个 3D 物体，则认为点中了哪个物体。这时候，在该物体位置实例化出一个对象。

这时候运行，点击方块会有球体出现并下落，离开视野会继续存在，如图 12-17 所示。

图 12-17

（4）新建音效播放脚本。

```
using UnityEngine;
```

```
using System.Collections;

[RequireComponent(typeof(AudioSource))]
public class EffectSoundControl : MonoBehaviour
{

    public AudioClip[] audioClips;
    private AudioSource audioSource;

    void Start ()
    {
        audioSource = GetComponent<AudioSource> ();
        audioSource.PlayOneShot (audioClips [0]);
    }

    void OnBecameInvisible ()
    {
        audioSource.PlayOneShot (audioClips [1]);
        Destroy (gameObject, 2f);
    }
}
```

脚本说明：

"[RequireComponent(typeof(AudioSource))]"：该脚本所在的游戏对象必须包含"AudioSource"组件。

"audioSource = GetComponent<AudioSource> ();"：获取该游戏对象的"AudioSource"组件。

"audioSource.PlayOneShot (audioClips [0]);"：播放一次声音，声音源是参数中传入的内容。

"OnBecameInvisible ()"：当游戏对象离开视野的时候运行。

"Destroy (gameObject, 2f);"：2秒以后删除该游戏对象。

（5）修改球体预制件，添加"AudioSource"组件。去掉"Play On Awake"选项，修改"Spatial Blend"选项值为1，使声音具有3D的效果，如图12-18所示。

图 12-18

（6）将脚本"EffectSoundControl"拖到预制件上，如图 12-19 所示。

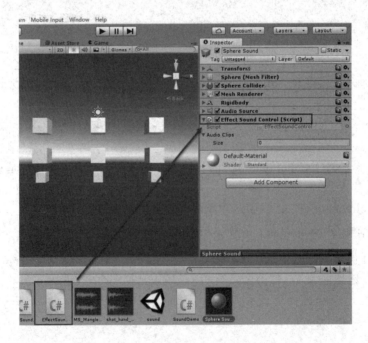

图 12-19

（7）设置脚本的"Audio Clips"属性，并将两个音效拖入，如图 12-20 所示。

第 12 章 声音播放

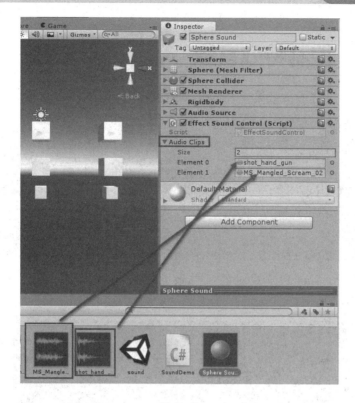

图 12-20

这时，点击方块，会生成球体并下落。点击的时候会播放一个枪声，离开屏幕后会播放一个怪叫声，并消失。点击不同的方块，可以听出声音有左右远近的不同，如图 12-21 所示。

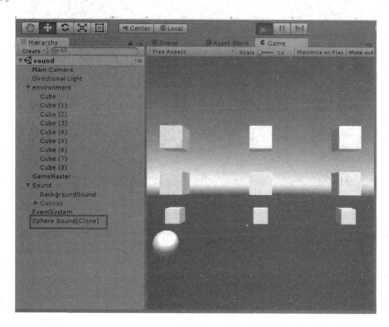

图 12-21

12.5 控制特效音量

（1）新建脚本，用于存放效果音大小和是否播放。

```
using UnityEngine;
using System.Collections;

public class EffectSoundInfo : MonoBehaviour {
    public float volume;
    public bool play;
}
```

（2）将其拖入 Sound 游戏对象，并设置"Volume"为 1，"Play"为选中，即"true"，如图 12-22 所示。

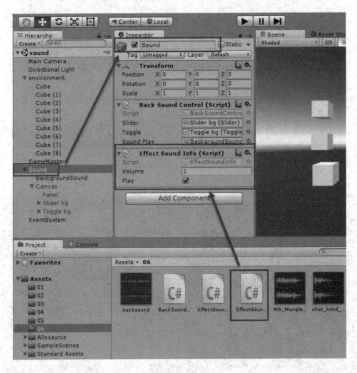

图 12-22

（3）新建滚动条和选择框，用来控制效果，如图 12-23 所示。

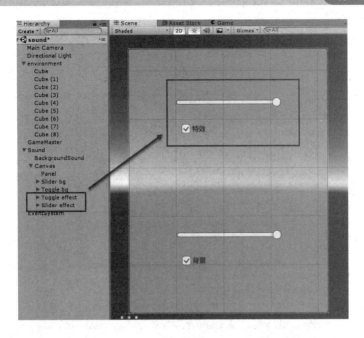

图 12-23

（4）新建脚本，设置音量大小和是否播放。

```
using UnityEngine;
using System.Collections;
using UnityEngine.UI;

[RequireComponent(typeof(EffectSoundInfo))]
public class EffectSoundUIControl : MonoBehaviour {

    private EffectSoundInfo info;
    public Slider slider;
    public Toggle toggle;

    void Start(){
        info = GetComponent<EffectSoundInfo> ();
    }

    public void PlayOrStop(){
        info.play = toggle.isOn;
    }

    public void Volume(){
        info.volume = slider.value;
    }
}
```

（5）将该脚本拖入"Sound"游戏对象，并设置对应的 UI，如图 12-24 所示。

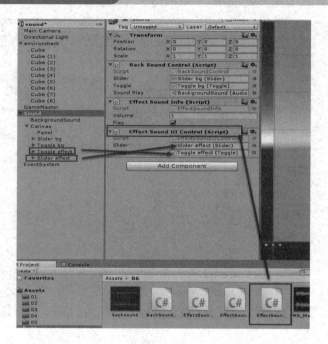

图 12-24

（6）设置选择框选择的时候的脚本是"EffectSoundUIControl"的"PlayOrStop"方法，如图 12-25 所示。

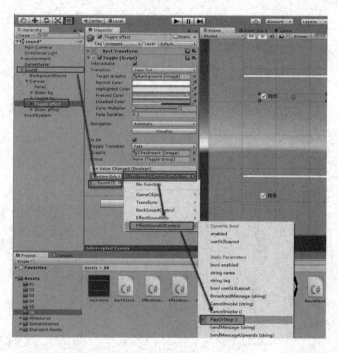

图 12-25

（7）设置滚动条拖动时候的脚本是"EffectSoundUIControl"的"Volume"方法，并且设置滚动条的"Value"属性值为 1，如图 12-26 所示。

第 12 章 声音播放

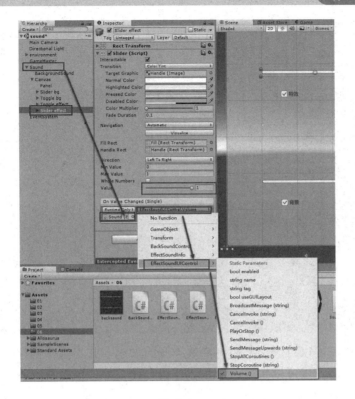

图 12-26

（8）修改预制件的脚本，在播放声音之前，先判断是否播放并设置音量。

```
using UnityEngine;
using System.Collections;

[RequireComponent(typeof(AudioSource))]
public class EffectSoundControl : MonoBehaviour
{

    public AudioClip[] audioClips;
    private AudioSource audioSource;
    private EffectSoundInfo info;

    void Start ()
    {
        info = FindObjectOfType<EffectSoundInfo> ();
        if (info.play) {
            audioSource = GetComponent<AudioSource> ();
            audioSource.volume = info.volume;
            audioSource.PlayOneShot (audioClips [0]);
```

```
    }
}

void OnBecameInvisible ()
{
    if (info == null) {
        info = FindObjectOfType<EffectSoundInfo> ();
    }
    if (info.play) {
        audioSource.volume = info.volume;
        audioSource.PlayOneShot (audioClips [1]);
    }
    Destroy (gameObject, 2f);
}
```

这个时候运行，可以用滚动条控制特效声音的大小，并用选择框控制是否播放声音。在这个界面下，点击方块可以生效，而且球体也会往下掉。但这在游戏中是不对的，如图12-27所示。

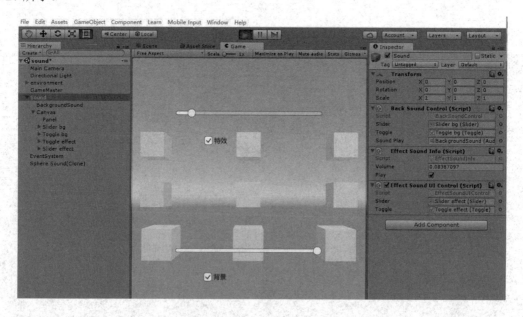

图 12-27

（9）添加暂停游戏并显示 UI 的脚本，脚本如下：

```
using UnityEngine;
using System.Collections;

public class SoundUIControl : MonoBehaviour {
```

```
public GameObject ui;

void Update () {
    if (Input.GetKeyDown (KeyCode.Escape)) {
        if (ui.activeSelf) {
            Time.timeScale = 1;
            ui.SetActive (false);
        } else {

            ui.SetActive (true);
            Time.timeScale = 0;
        }
    }
}
```

（10）将脚本拖到"Gamemaster"游戏对象下，并将"Canvas"游戏对象设置为属性"UI"的值，如图 12-28 所示。

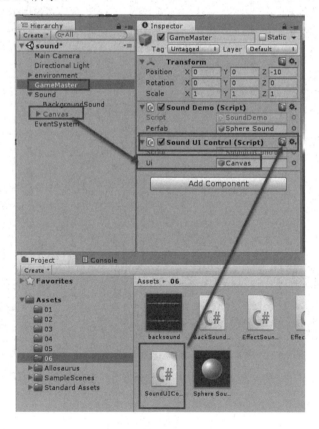

图 12-28

这时候，按 Esc 键，会显示 UI，游戏被暂停，但是仍然点击有效，如图 12-29 所示。

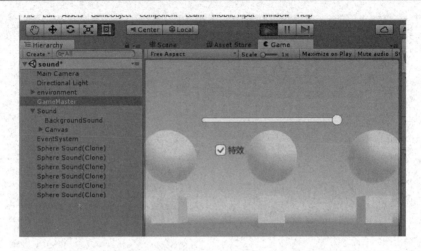

图 12-29

（11）修改生成球体的脚本，点击时添加判断，看是否点中了 UI。

```
using UnityEngine;
using System.Collections;
using UnityEngine.EventSystems;

public class SoundDemo : MonoBehaviour
{

    public GameObject perfab;

    void Update ()
    {
        if (Input.GetMouseButtonDown (0)) {
            if (!EventSystem.current.IsPointerOverGameObject ()) {
                Ray ray = Camera.main.ScreenPointToRay (Input.mousePosition);
                RaycastHit hit;
                if (Physics.Raycast (ray, out hit)) {
                    Instantiate (perfab, hit.transform.position, Quaternion.identity);
                }
            }
        }
    }
}
```

这时运行，UI 弹出的时候，游戏暂停，并且不会发生 UI 击穿的情况了，如图 12-30 所示。

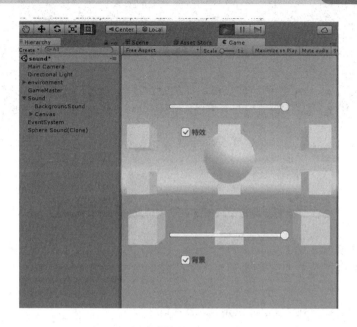

图 12-30

这样，一个简单的背景声音和特效声音播放和控制就完成了。

第 13 章
◀ Unity3D服务器端和客户端通信 ▶

13.1 服务器端和客户端通信概述

Unity3D 提供了让一台设备成为服务器，另外的设备成为客户端的方式进行游戏。Network 的方式提供了简单的服务器和客户端交流信息的方法。

使用说明：

（1）使用需要先引用"UnityEngine.Networking"。
（2）用"NetworkServer.Listen(4444);"的方法建立服务器。
（3）用"NetworkClient.Connect"的方法建立客户端并连接服务器。
（4）服务器端发送信息是用"NetworkServer.SendToAl"或"NetworkServer.SendToClient"。
（5）客户端发送信息用"NetworkClient.Send"。
（6）发送的内容的类必须是继承于"MessageBase"类。

13.2 服务器端和客户端通信实例

（1）新建场景并添加 UI，如图 13-1 所示。

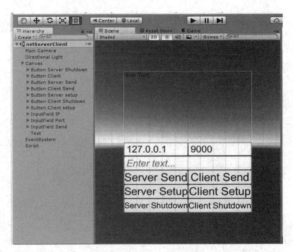

图 13-1

（2）新建信息类。

```
using UnityEngine.Networking;

/// <summary>
/// 自定义信息类
/// </summary>
public class UserMsg : MessageBase {
    public string message;
}
```

（3）建立主类，用于新建客户端和服务器端并发送信息。

```
using UnityEngine;
using UnityEngine.Networking;
using UnityEngine.UI;
using System;

public class MyNetworkManager : MonoBehaviour
{
    /// <summary>
    /// 服务器ip地址
    /// </summary>
    public InputField ip;
    /// <summary>
    /// 服务器端口
    /// </summary>
    public InputField port;
    /// <summary>
    /// 要发送的信息
    /// </summary>
    public InputField send;
    /// <summary>
    /// 显示信息
    /// </summary>
    public Text info;
    /// <summary>
    /// 网络客户端
    /// </summary>
    private NetworkClient myClient;
```

```csharp
/// <summary>
/// 用户信息分类
/// </summary>
private const short userMsg = 64;

void Start ()
{
    info.text = "Start...";
    myClient = new NetworkClient ();
}



/// <summary>
/// 建立服务器
/// </summary>
public void SetupServer ()
{
    if (!NetworkServer.active) {
        ShowMsg ("setup server");
        ServerRegisterHandler ();
        NetworkServer.Listen (int.Parse (port.text));

        if (NetworkServer.active) {
            ShowMsg ("Server setup ok.");
        }
    }
}


/// <summary>
/// 建立客户端
/// </summary>
public void SetupClient ()
{
    if (!myClient.isConnected) {
        ShowMsg ("setup client");
        ClientRegisterHandler ();
        myClient.Connect (ip.text, int.Parse (port.text));
    }
}
```

```csharp
/// <summary>
/// 停止客户端
/// </summary>
public void ShutdownClient ()
{
    if (myClient.isConnected) {
        ClientUnregisterHandler ();
        myClient.Disconnect ();

        //NetworkClient.Shutdown()使用后,无法再次连接。
        //This should be done when a client is no longer going to be used.
        //myClient.Shutdown ();
    }
}


/// <summary>
/// 停止服务器端
/// </summary>
public void ShutdownServer ()
{
    if (NetworkServer.active) {
        ServerUnregisterHandler ();
        NetworkServer.DisconnectAll ();
        NetworkServer.Shutdown ();

        if (!NetworkServer.active) {
            ShowMsg ("shut down server");
        }
    }
}


/// <summary>
/// 客户端连接到服务器事件
/// </summary>
/// <param name="netMsg">Net message.</param>
private void OnClientConnected (NetworkMessage netMsg)
{
    ShowMsg ("Client connected to server");
```

```csharp
}

/// <summary>
///客户端从服务器断开事件
/// </summary>
/// <param name="netMsg">Net message.</param>
private void OnClientDisconnected (NetworkMessage netMsg)
{
    ShowMsg ("Client disconnected from server");
}

/// <summary>
/// 客户端错误事件
/// </summary>
/// <param name="netMsg">Net message.</param>
private void OnClientError (NetworkMessage netMsg)
{
    ClientUnregisterHandler ();
    ShowMsg ("Client error");
}

/// <summary>
/// 服务器端有客户端连入事件
/// </summary>
/// <param name="netMsg">Net message.</param>
private void OnServerConnected (NetworkMessage netMsg)
{
    ShowMsg ("One client connected to server");
}

/// <summary>
/// 服务器端有客户端断开事件
/// </summary>
/// <param name="netMsg">Net message.</param>
private void OnServerDisconnected (NetworkMessage netMsg)
{
    ShowMsg ("One client connected from server");
```

```csharp
}

/// <summary>
/// 服务器端错误事件
/// </summary>
/// <param name="netMsg">Net message.</param>
private void OnServerError (NetworkMessage netMsg)
{
    ServerUnregisterHandler ();
    ShowMsg ("Server error");
}


/// <summary>
/// 显示信息
/// </summary>
/// <param name="Msg">Message.</param>
private void ShowMsg (string Msg)
{
    info.text = Msg + "\n\r" + info.text;
    //Debug.Log (Msg);
}


/// <summary>
/// 客户端向服务器端发送信息
/// </summary>
public void ClientSend ()
{
    if (myClient.isConnected) {
        UserMsg um = new UserMsg ();
        um.message = send.text;
        if (myClient.Send (userMsg, um)) {
            ShowMsg ("Client send:" + send.text);
        }
    }
}


/// <summary>
/// 客户端接收到服务器端信息事件
/// </summary>
```

```csharp
/// <param name="netMsg">Net message.</param>
private void ClientGet (NetworkMessage netMsg)
{
    UserMsg Msg = netMsg.ReadMessage<UserMsg> ();
    ShowMsg ("Client get:"+Msg.message);
}


/// <summary>
/// 服务器端向所有客户端发送信息
/// </summary>
public void ServerSend ()
{
    if (NetworkServer.active) {
        UserMsg um = new UserMsg ();
        um.message = send.text;
        if (NetworkServer.SendToAll (userMsg, um)) {
            ShowMsg ("Server send:" + send.text);
        }
    }
}


/// <summary>
/// 服务器端收到信息事件
/// </summary>
/// <param name="netMsg">Net message.</param>
private void ServerGet (NetworkMessage netMsg)
{
    UserMsg Msg = netMsg.ReadMessage<UserMsg> ();
    ShowMsg ("Server get:"+Msg.message);
}


/// <summary>
/// 服务器端注册事件
/// </summary>
private void ServerRegisterHandler(){
    NetworkServer.RegisterHandler (MsgType.Connect, OnServerConnected);
    NetworkServer.RegisterHandler (MsgType.Disconnect, OnServerDisconnected);
    NetworkServer.RegisterHandler (MsgType.Error, OnServerError);
```

```csharp
        NetworkServer.RegisterHandler (userMsg, ServerGet);
    }


    /// <summary>
    /// 客户端注册事件
    /// </summary>
    private void ClientRegisterHandler(){
        myClient.RegisterHandler (MsgType.Connect, OnClientConnected);
        myClient.RegisterHandler (MsgType.Disconnect, OnClientDisconnected);
        myClient.RegisterHandler (MsgType.Error, OnClientError);
        myClient.RegisterHandler (userMsg, ClientGet);
    }


    /// <summary>
    /// 客户端注销事件
    /// </summary>
    private void ClientUnregisterHandler(){
        myClient.UnregisterHandler (MsgType.Connect);
        myClient.UnregisterHandler (MsgType.Disconnect);
        myClient.UnregisterHandler (MsgType.Error);
        myClient.UnregisterHandler (userMsg);
    }


    /// <summary>
    /// 服务器端注销事件
    /// </summary>
    private void ServerUnregisterHandler(){
        NetworkServer.UnregisterHandler (MsgType.Connect);
        NetworkServer.UnregisterHandler (MsgType.Disconnect);
        NetworkServer.UnregisterHandler (MsgType.Error);
        NetworkServer.UnregisterHandler (userMsg);
    }
}
```

（4）将"MyNetworkManager"脚本拖入一个空的游戏对象，并进行设置，如图 13-2 所示。

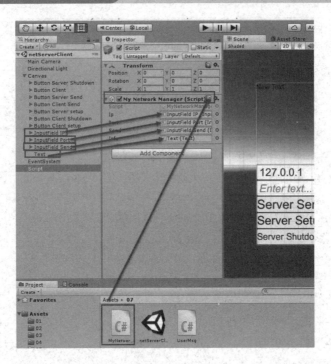

图 13-2

（5）依次设置按钮点击方法，设置界面如图 13-3 所示。

```
Button Server Shutdown: MyNetworkManager.ShutdownServer
Button Server Send: MyNetworkManager.ServerSend
Button Client Send: MyNetworkManager.ClientSend
Button Server Setup: MyNetworkManager.SetupServer
Button Client Shutdown: MyNetworkManager.ShutdownClient
Button Client Setup: MyNetworkManager.SetupClient
```

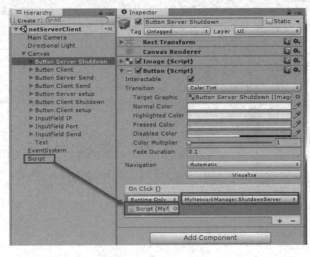

图 13-3

（6）发布成一个 Windows 程序，最好允许后台运行，如图 13-4 所示。

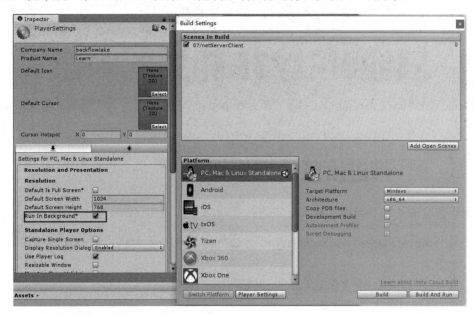

图 13-4

这样，可以在同一台电脑运行多个实例。

如图 13-5 所示，图左边是服务器端，右边是客户端。

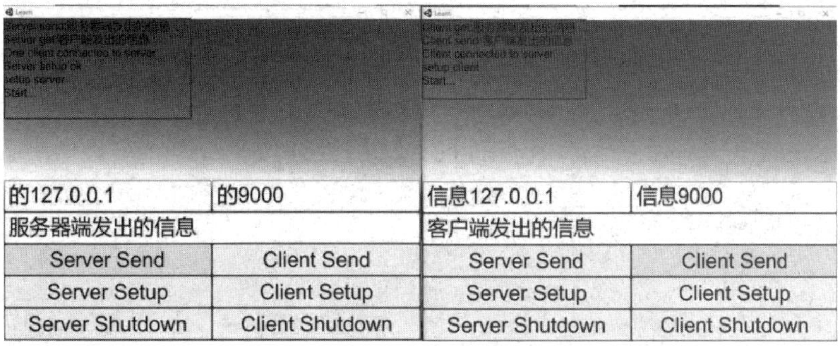

的127.0.0.1	的9000	信息127.0.0.1	信息9000
服务器端发出的信息		客户端发出的信息	
Server Send	Client Send	Server Send	Client Send
Server Setup	Client Setup	Server Setup	Client Setup
Server Shutdown	Client Shutdown	Server Shutdown	Client Shutdown

图 13-5

第 14 章 其他Unity3D相关的内容

14.1 带进度条的场景切换

实现带进度条的场景切换注意以下三点：

- 用 SceneManager.LoadSceneAsync 方法可以实现异步加载，即加载的时候，当前场景不变。
- 用 AsyncOperation 类来获取加载进度。
- 用 slider 组件来显示进度。

代码：

```
public Slider slider;
private AsyncOperation asyncOperation;

void Update () {
    if (asyncOperation != null) {
        slider.value = asyncOperation.progress;
    }
}

IEnumerator loadScene()
{
    asyncOperation = SceneManager.LoadSceneAsync ("scene0102");
    yield return asyncOperation;
}

public void AsynScene(){
    StartCoroutine (loadScene ());
}
```

带进度条的场景切换界面如图 14-1 所示。

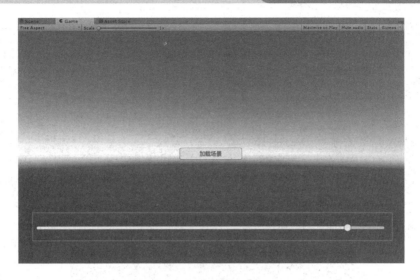

图 14-1

14.2 单一数据存储

Unity3D 提供了简单的数据存储。通过 PlayerPrefs 类提供的方法，可以存储简单的字符串、整数和浮点。这样的存储，即使在重新启动以后依然存在。不过，如果清理过系统以后，存储的数据会消失。

代码：

```
using UnityEngine;
using System.Collections;
using UnityEngine.UI;

public class PlayerSave : MonoBehaviour {

    public InputField ifString;
    public InputField ifInt;
    public InputField ifFloat;
    public Text txtString;
    public Text txtInt;
    public Text txtFloat;

    public void Save(){
        PlayerPrefs.SetString ("demoString", ifString.text);
        PlayerPrefs.SetInt ("demoInt", int.Parse (ifInt.text));
```

```
        PlayerPrefs.SetFloat ("demoFloat", float.Parse (ifFloat.text));
    }

    public void Load(){
        txtString.text = PlayerPrefs.GetString ("demoString");
        txtInt.text = PlayerPrefs.GetInt ("demoInt").ToString();
        txtFloat.text = PlayerPrefs.GetFloat ("demoFloat").ToString();
    }
}
```

单一数据存储示例界面如图 14-2 所示。

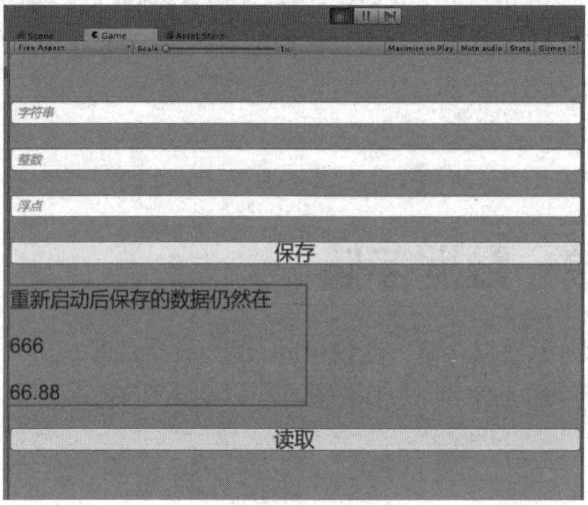

图 14-2

14.3 少量初始数据的存储

Unity 中会用到一些体量很小的数据，例如游戏的一些初始化的数据，仅在编辑的时候需要修改。如果用 txt 存储，读取和设置会比较麻烦，如果用数据库又搞得比较复杂。

这时候可以有两种方法处理，一种是将数据存储在预制件里，另一种是利用 ScriptableObject 将数据存储为资源。

假设有物品数据，仅 3 条。物品类，记得序列化。

```
using UnityEngine;

[System.Serializable]
public class Item {
```

```
    public int id;
    public string name;
    public Color color;
    public Vector3 position;
}
```

14.3.1 将数据存储在预制件里

（1）新建一个类。

```
using UnityEngine;
using System.Collections;

public class DataPerfab : MonoBehaviour {
    public Item[] items;
}
```

（2）将其拉到游戏对象中，做成预制件。

如图 14-3 所示，Items 框里的就是数据。

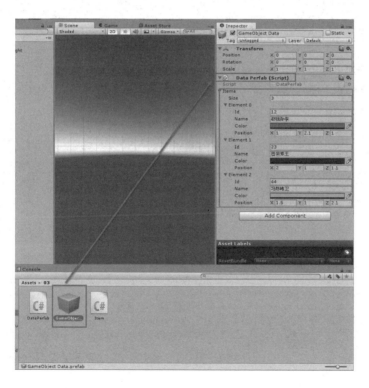

图 14-3

（3）只要该预制件在场景中，用 FindObjectOfType<DataPerfab>().items[i]就可以读取数据。

14.3.2 利用 ScriptableObject 将数据存储为资源

（1）新建脚本 ItemSet.cs。

```
using UnityEngine;
using System.Collections;

public class ItemSet : ScriptableObject {

    #if UNITY_EDITOR
    [UnityEditor.MenuItem ("Learn/Create item set")]
    public static void CreateItemSet ()
    {
        var objSet = CreateInstance<ItemSet> ();
        string savePath = UnityEditor.EditorUtility.SaveFilePanel (
            "save",
            "Assets/",
            "ItemAsset",
            "asset"
        );
        if (savePath != "") {
            savePath ="Assets/"+ savePath.Replace (Application.dataPath, "");
            UnityEditor.AssetDatabase.CreateAsset (objSet, savePath);
            UnityEditor.AssetDatabase.SaveAssets ();
        }
    }
    #endif

    public Item[] items;
}
```

（2）这时候，菜单会多出一项，如图 14-4 所示。

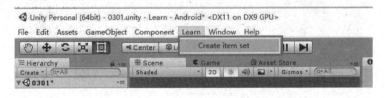

图 14-4

点击以后，会提示保存文件的地址，如图 14-5 所示。

第 14 章 其他 Unity3D 相关的内容

图 14-5

（3）保存以后会多出一个资源文件，如图 14-6 所示。

图 14-6

点击以后，可以编辑数据，如图 14-7 所示。

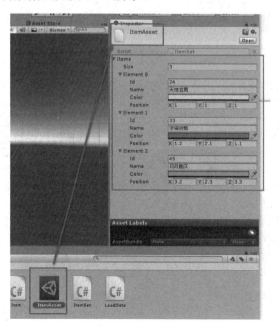

图 14-7

（4）新建一个脚本公开属性是资源的类型，直接调用，如图 14-8、图 14-9 所示。

代码：

```
public ItemSet itemSet;
print (itemSet.items [i].id + itemSet.items [i].name + itemSet.items [i].color
+ itemSet.items [i].position);
```

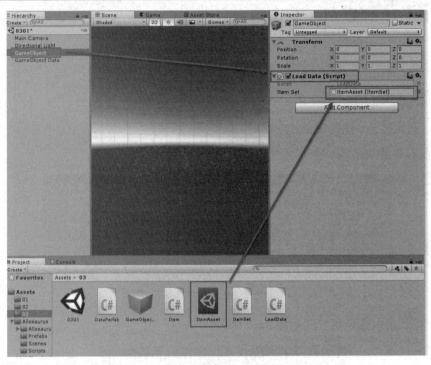

图 14-8

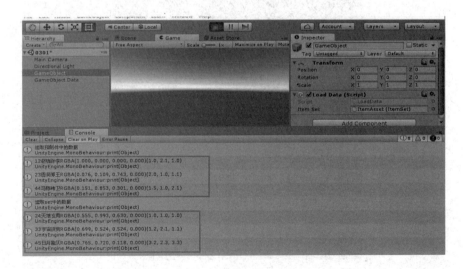

图 14-9

14.4 用 iTween 插件进行移动、缩放、旋转操作

iTween 是一个第三方提供的插件,可以用来对游戏对象进行移动、缩放、旋转等操作,虽然运行性能略差,但是开发起来却比原生代码简单很多。

官方网址:http://www.pixelplacement.com/itween/index.php 。

14.4.1 下载并导入插件

在商城中查找"iTween",下载并点击导入,如图 14-10 所示。

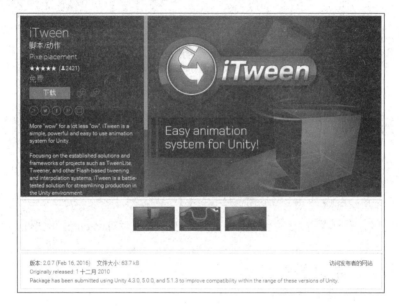

图 14-10

iTween 插件很小,关键部分只有一个"iTween.cs"文件,如图 14-11 所示。

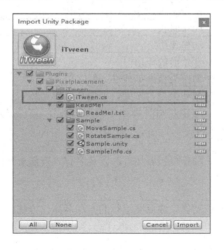

图 14-11

14.4.2　iTween 的基本调用

（1）iTween 的基本调用方法一

```
Hashtable ht = new Hashtable();

void Awake(){
    ht.Add("x",3);
    ht.Add("time",4);
    ht.Add("delay",1);
    ht.Add("onupdate","myUpdateFunction");
    ht.Add("looptype",iTween.LoopType.pingPong);
}

void Start(){
    iTween.MoveTo(gameObject,ht);
}
```

（2）iTween 的基本调用方法二

```
        iTween.MoveTo(gameObject,iTween.Hash(
            "x",3,
            "time",4,
            "delay",1,
            "onupdate","myUpdateFunction",
            "looptype",iTween.LoopType.pingPong));
```

如果写的时候，代码提示没找到 iTween 类，打开一下"iTween.cs"文件即可。

14.4.3　iTween 常见参数介绍

iTween 常见参数如表 14-1 所示。

表 14-1　iTween 常见参数

target	被变化的游戏对象
islocal	是否是本地坐标，默认为否
time	动作时长
speed	动作速度
delay	开始前的停留时长
easetype	动作类型，如线性、弹跳等
looptype	循环类型，来回、不循环或者循环
onstart　string onstarttarget onstartparam	动作开始时要运行的方法名称、方法所在的游戏对象及方法需要的参数
Onupdate onupdatetarget onupdateparams	动作每帧要运行的方法名称、方法所在游戏对象及方法需要的参数
oncomplete oncompletetarget oncompleteparams	动作完成后要运行的方法名称、方法所在游戏对象及方法需要的参数

14.4.4 iTween 实现移动

脚本：

```
using UnityEngine;
using System.Collections;

public class iTweenMove : MonoBehaviour {

    // Use this for initialization
    void Start () {
        iTween.MoveTo (gameObject, iTween.Hash (
            "position",new Vector3(0f,0f,0f),
            "time",2f,
            "easetype",iTween.EaseType.easeInOutBounce,
            "looptype",iTween.LoopType.pingPong
        ));
    }
}
```

把脚本拖到游戏对象上即可。

运行时会自动给游戏对象添加 iTween 脚本，如图 14-12 所示。

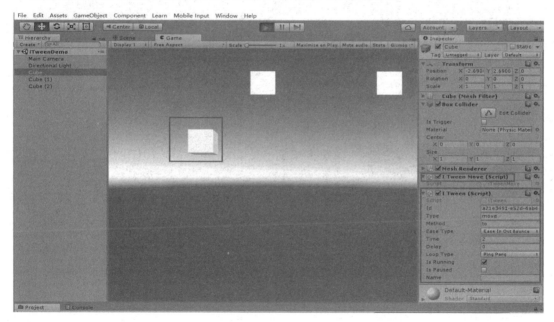

图 14-12

14.4.5 iTween 实现旋转

脚本：

```
using UnityEngine;
```

```
using System.Collections;

public class iTweenRotation : MonoBehaviour {

    void Start () {
        iTween.RotateTo (gameObject, iTween.Hash (
            "rotation",new Vector3(45f,90f,30f),
            "speed",20f,
            "easetype",iTween.EaseType.linear,
            "looptype",iTween.LoopType.loop
        ));
    }
}
```

把该脚本拖到游戏对象上即可,如图 14-13 所示。

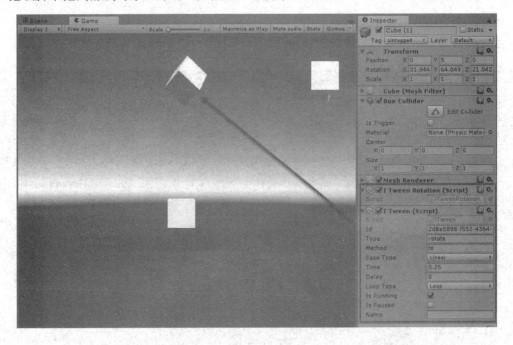

图 14-13

14.4.6 iTween 实现大小变化

iTween 实现大小变化,可以直接通过设置参数实现,示例如图 14-14 所示。

图 14-14

14.4.7 iTween 的变化值

iTween 虽然提供了很多方法，但是也会有预设里面没有的，这时候需要用到 ValueTo 方法。

新建一个白色的 Image 的 UI，默认的 iTween 方法无法改变其颜色，如图 14-15 所示。

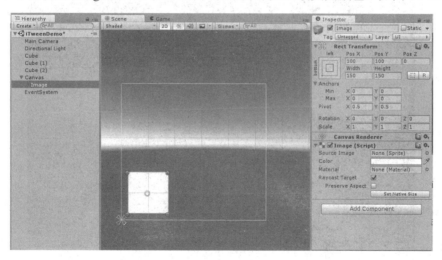

图 14-15

脚本：

```
using UnityEngine;
using System.Collections;
```

```
using UnityEngine.UI;

public class iTweenValueTo : MonoBehaviour {

    private Image img;

    void Start () {
        img = GetComponent<Image> ();
        iTween.ValueTo (gameObject, iTween.Hash (
            "from",new Color(1f,1f,1f,1f),
            "to",new Color(1f,1f,1f,0f),
            "time",3f,
            "looptype",iTween.LoopType.pingPong,
            "onupdate","ColorUpdate",
            "onupdatetarget",this.gameObject
        ));
    }

    public void ColorUpdate(Color color){
        img.color = color;
    }
}
```

把脚本拖到 Image 游戏对象上即可，如图 14-16 所示。

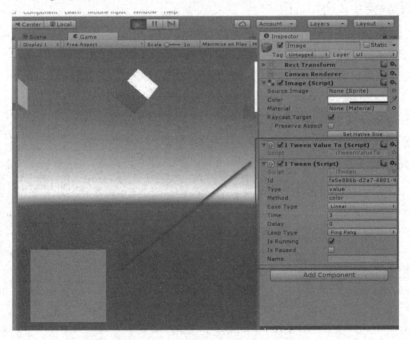

图 14-16

14.4.8 iTween Visual Editor 导入

iTween Visual Editor 是 iTween 插件的插件，这个可以让 iTween 变得更简单。点击下载，如图 14-17 所示。

图 14-17

iTween Visual Editor 本身包含了一个 iTween 插件，如果之前导入过 iTween 插件，不要重复导入，如图 14-18 所示。

图 14-18

14.4.9　iTween Visual Editor 控制变化

（1）在要控制的游戏对象上添加"ITween Event"组件，如图 14-19 所示。

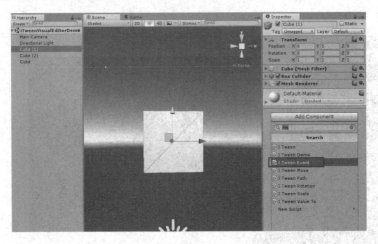

图 14-19

（2）选择要进行的变化，如图 14-20 所示。

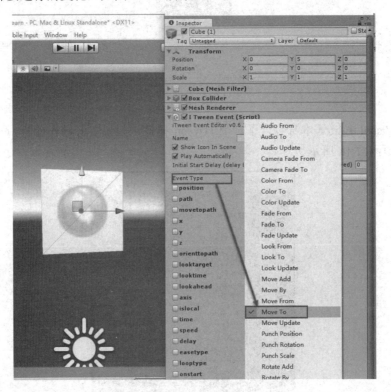

图 14-20

（3）设置对应的参数，如图 14-21 所示。

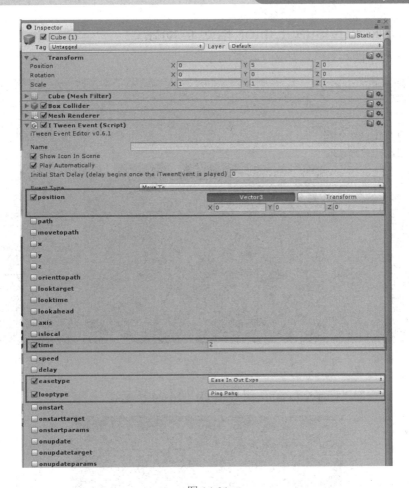

图 14-21

点击运行,如图 14-22 所示。

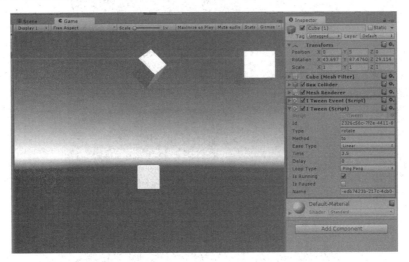

图 14-22

14.4.10　iTween Visual Editor 指定运动路径

（1）新建一个游戏对象，如图 14-23 所示。

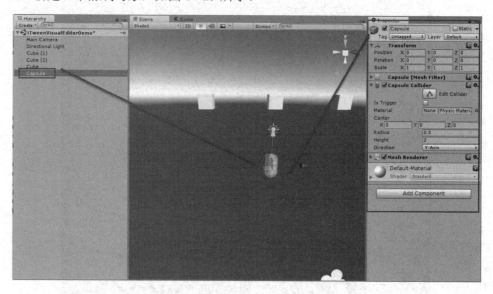

图 14-23

（2）在其上添加"I Tween Path"组件，如图 14-24 所示。

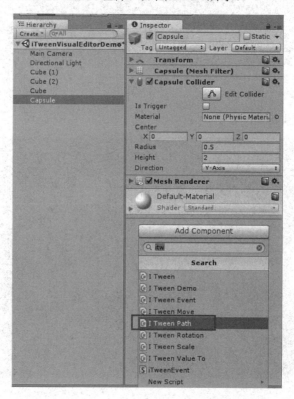

图 14-24

（3）设置路径的关键坐标点数，如图 14-25 所示。

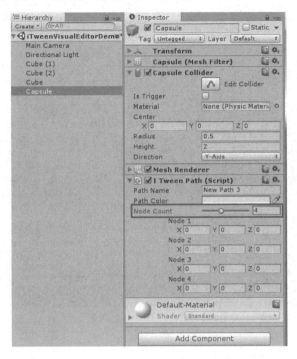

图 14-25

（4）在 Scene 界面中可以拖动节点来指定位置，也可以直接输入，如图 14-26 所示。

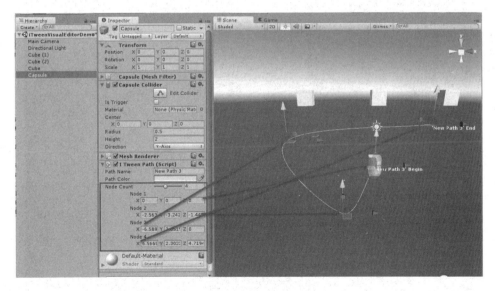

图 14-26

（5）在游戏对象上添加"I Tween Event"，类型设置为"MoveTo"，路径设置为"I Tween Path"的"Path Name"属性的值，如图 14-27 所示。

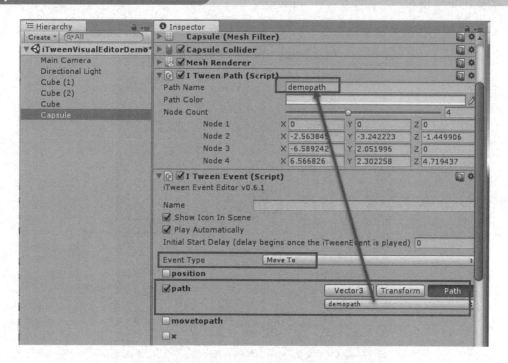

图 14-27

（6）设置好其他值，如图 14-28 所示。

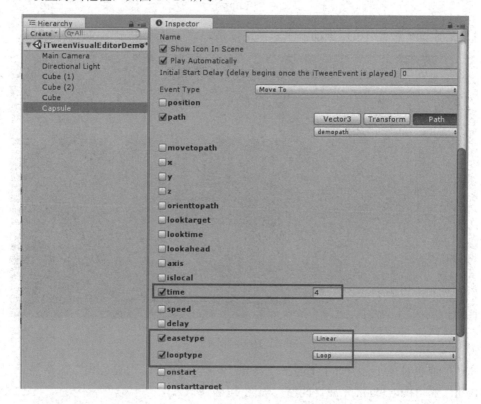

图 14-28

游戏对象就会按照设定路径运动，如图 14-29 所示。

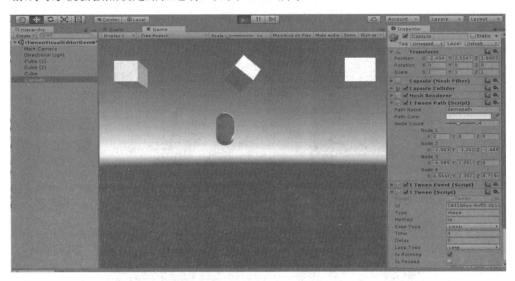

图 14-29

14.5 插件推荐

1. NGUI

NGUI 全称 Next-Gen UI，是 Unity 里面使用最广泛的 UI 插件。Unity 现在的 UGUI 是 4.6 以后才推出的，虽然现在很大程度上能取代 NGUI，但是，NGUI 仍然被广泛使用。另外，NGUI 依然有一些好用的功能是 UGUI 没有的，例如定制特殊字体，如图 14-30 所示。

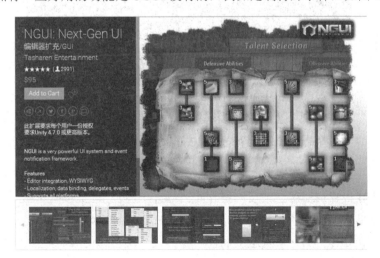

图 14-30

2. EasyTouch

EasyTouch 是一款在移动端开发使用非常多的插件,它封装了移动端常用的操作,例如滑动、放大、拖动等。此外,还提供了虚拟摇杆等功能,如图 14-31 所示。

图 14-31

3. iTween

iTween 是一款常用的动作控制插件,可以实现游戏对象的移动、大小变化、角度旋转等功能,大大简化了开发的工作量和代码量。而且,这是一款免费插件,如图 14-32 所示。

图 14-32

4. Playmaker

在游戏中常用的实现 AI 的方法有两种:一种是有限状态机,另一种是行为树。Playmaker 是最常用的一个有限状态机插件。它提供了图形化的编辑界面,使用起来非常方便,甚至可以做到不用写代码就能开发游戏,如图 14-33 所示。

图 14-33

5. Behavior Designer

Behavior Designer 是一款不错的行为树插件,也提供了图形化的编辑界面,如图 14-34 所示。

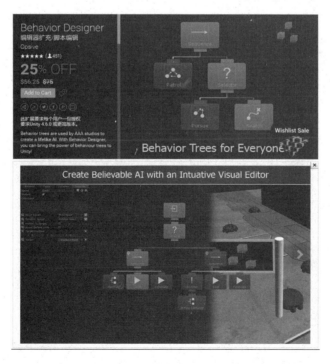

图 14-34

6. ShareSDK

ShareSDK 是国内的厂商提供的一款用于分享的插件,可以将截图或文字内容分享到微信、QQ、新浪微博等一些国内的社交媒体上,使用起来还算方便。

官方网址:http://www.mob.com/,如图 14-35 所示。

图 14-35